Edward Muñoz Garro

Liderazgo Global en la Era Digital

Edward Muñoz Garro

Liderazgo Global en la Era Digital

IA, Transformación y Estrategias para la Innovación

Editorial Académica Española

Imprint
Any brand names and product names mentioned in this book are subject to trademark, brand or patent protection and are trademarks or registered trademarks of their respective holders. The use of brand names, product names, common names, trade names, product descriptions etc. even without a particular marking in this work is in no way to be construed to mean that such names may be regarded as unrestricted in respect of trademark and brand protection legislation and could thus be used by anyone.

Cover image: www.ingimage.com

Publisher:
Editorial Académica Española
is a trademark of
Dodo Books Indian Ocean Ltd. and OmniScriptum S.R.L publishing group

120 High Road, East Finchley, London, N2 9ED, United Kingdom
Str. Armeneasca 28/1, office 1, Chisinau MD-2012, Republic of Moldova, Europe
Managing Directors: Ieva Konstantinova, Victoria Ursu
info@omniscriptum.com

Printed at: see last page
ISBN: 978-620-0-02619-4

Liderazgo Global en la Era Digital

IA, Transformación y Estrategias para la Innovación

Por Edward Muñoz Garro

I

Tabla de Contenidos

Prólogo

Vivimos una era en la que la transformación digital se ha convertido en eje fundamental para definir las estrategias, la cultura y la competitividad de las organizaciones. A lo largo de mi trayectoria profesional como Director de Proyectos y especialista en tecnología y finanzas, he tenido la oportunidad de colaborar con diversos equipos y sectores que, enfrentados a la disrupción tecnológica, han debido replantear su forma de operar, de crear valor y de relacionarse con sus colaboradores. Este libro surge, precisamente, de esa combinación de vivencias, estudios formales y reflexiones profundas que he acumulado en proyectos de modernización y adopción de la inteligencia artificial, la automatización y la digitalización de procesos.

Cuando comencé mi carrera, el ideal de la transformación digital todavía se percibía como una aspiración lejana, casi futurista. Sin embargo, la aceleración de la Cuarta Revolución Industrial ha hecho que adoptar soluciones en la nube, implementar metodologías ágiles y apalancar datos masivos (big data) se convierta en una responsabilidad ineludible para los líderes de hoy. He experimentado de primera mano cómo, en entornos de alta presión y competencia global, la tecnología no es solo una herramienta, sino un catalizador que redefine el quehacer de la organización abre oportunidades de negocio y, a la vez, reta al factor humano.

A lo largo de mi labor en consultoría especializada —incluyendo proyectos de automatización financiera y de modernización en la nube—, he observado que el éxito de la transformación digital no depende exclusivamente de los algoritmos o de la infraestructura tecnológica, sino de la visión y el compromiso de quienes dirigen. Bajo mi experiencia, quienes logran alinear metodologías de gestión de proyectos con la cultura empresarial y las metas financieras son capaces de convertir las incertidumbres propias del cambio en un motor de competitividad. Esto supone integrar elementos como la inteligencia emocional, la negociación financiera y la gestión rigurosa de riesgos.

En estas páginas, se revisa cómo la inteligencia artificial, la automatización y la adopción de innovaciones transforman el liderazgo global en contextos digitalizados. Más allá de la perspectiva técnica, el texto profundiza en modelos teóricos —como el de Everett Rogers para la difusión de innovaciones, el enfoque de Kurt Lewin para gestionar el cambio y la visión transformacional de Bernard Bass— que ofrecen un marco sólido para entender y guiar el impacto de la tecnología en la dinámica organizacional. Se pone especial énfasis en la intersección entre la cultura, la resistencia al cambio y las decisiones estratégicas, pues es allí donde he comprobado que se teje el éxito o el fracaso de la innovación.

Mi intención con este libro es, primero, brindar un análisis académico y actualizado de los factores que subyacen a la transformación digital; y segundo, ofrecer reflexiones prácticas basadas en mi propia experiencia en la dirección de proyectos y en la asesoría técnica-financiera. Por eso, cada capítulo se construye sobre la premisa de que la tecnología es inseparable de las personas que la implementan y de la cultura que la acoge. En un mercado tan dinámico y exigente como el de hoy, necesitamos líderes con mirada global, capaces de navegar entre la innovación y la empatía, la eficacia y la ética, la rapidez y la formación continua.

Te invito a sumergirte en estas páginas con una actitud analítica y curiosa, porque la transformación digital, bien gestionada, puede convertirse en una de las mayores palancas de crecimiento y diferenciación. Encontrarás discusiones sobre la adaptación cultural, la construcción de visiones compartidas y la gestión de equipos dispersos geográficamente. Asimismo, se abarcan los desafíos y oportunidades que la IA y la automatización traen consigo, desde la optimización de procesos hasta la reinvención de roles laborales. Mi deseo es que este libro no solo explique los cambios en curso, sino que inspire a los líderes del presente —y del futuro— a conducir sus organizaciones con destreza y humanidad en la era digital.

Porque la dirección de proyectos y la innovación no son un fin en sí mismos, sino un camino hacia organizaciones más ágiles, inclusivas y sostenibles. Con ese propósito, ofrezco aquí una visión crítica y constructiva de la transformación digital, sustentada por investigaciones académicas y experiencias de campo. Agradezco de antemano a quienes se unen a mí en este recorrido, convencidos de que la tecnología y el liderazgo van de la mano cuando buscamos un progreso auténtico.

Edward Muñoz Garro, MBA

Director de Proyectos | Experto en Tecnología y Finanzas

Capítulo 1. Introducción y Contexto

La transformación digital se ha convertido en uno de los fenómenos más disruptivos y relevantes para las organizaciones en la actualidad. La implantación acelerada de tecnologías como la inteligencia artificial (IA), la automatización y el análisis masivo de datos (big data) no solo está redefiniendo los procesos de negocio, sino que también está cambiando de manera sustancial la forma en que los líderes encaran la estrategia, la organización y la cultura corporativa. Concretamente, en un mundo crecientemente globalizado y competitivo, el liderazgo digital ya no es un aspecto opcional: se ha transformado en un eje clave para la sostenibilidad y la innovación.

Este capítulo ofrece una visión panorámica de la relevancia del liderazgo global en entornos altamente digitalizados. Para ello, se describe por qué la transformación digital constituye una prioridad urgente para las organizaciones de distinta índole, se exponen los objetivos que guían esta obra y su marco metodológico, y se presenta la estructura general del libro. Al concluir este capítulo, el lector dispondrá de un contexto claro sobre las dinámicas entre resistencia al cambio, liderazgo y transformación digital, que serán objeto de análisis en los capítulos siguientes.

1.1 Justificación del tema

1.1.1 Importancia de la transformación digital en el liderazgo global

En el cambiante mundo empresarial de hoy, la tecnología se ha erigido como un factor determinante para la competitividad de las organizaciones y el desempeño de sus líderes. De acuerdo con Deloitte Insights (2020), aquellos directivos que impulsan la adopción de tecnologías emergentes tienden a generar mayores niveles de innovación y resiliencia en sus empresas, especialmente en entornos de incertidumbre. Por otro lado, informes como el "Informe de Gobernanza Tecnológica Global 2021" del Foro Económico Mundial (2021a) subrayan cómo la digitalización, acelerada tras la pandemia de COVID-19, ha alterado no solo el funcionamiento interno de las compañías, sino también la naturaleza del trabajo y las dinámicas de colaboración.

Desde esta óptica, el liderazgo global en la era digital no se limita únicamente a entender la tecnología, sino que implica la capacidad de mover recursos y equipos en múltiples geografías y culturas, promoviendo la adopción de herramientas tecnológicas y fomentando la integración de perspectivas diversas. El auge de la automatización y la IA ha generado además un debate continuo sobre el papel de la inteligencia emocional, la creatividad y la ética en la toma de decisiones. Mientras el líder tradicional se enfocaba principalmente en la supervisión de tareas, el líder digital se ve obligado a integrar competencias tecnológicas y habilidades interpersonales avanzadas para garantizar la coherencia de su visión estratégica.

Asimismo, Cortellazzo et al. (2019) comparan la disrupción provocada por la digitalización con la revolución que supuso la imprenta móvil en su momento. Del mismo modo que la imprenta democratizó la información y transformó el acceso al conocimiento, la digitalización actual redefine la manera en que comunicamos, producimos y colaboramos. En este contexto, la figura del líder cobra relevancia al influir directamente en la cultura organizacional y en la disposición de los equipos hacia la innovación.

1.1.2 Relevancia en la Cuarta Revolución Industrial

La denominada Cuarta Revolución Industrial, o Industria 4.0, se caracteriza por la convergencia de tecnologías físicas, digitales y biológicas, dando lugar a transformaciones de gran magnitud en las cadenas de valor de las organizaciones (Foro Económico Mundial, 2021b). Entre los agentes de cambio destacan la inteligencia artificial, la robótica avanzada, el internet de las cosas (IoT), el machine learning y la analítica de datos a gran escala. Más allá de los aspectos técnicos, este fenómeno plantea desafíos éticos, sociales y humanos.

Tal como señalan Mendenhall et al. (2012), los líderes globales tienen el reto de dirigir equipos multiculturales y dispersos geográficamente. A estos requerimientos se suma ahora la necesidad de comprender y gestionar la adopción de herramientas tecnológicas que aceleran procesos, pero que a su vez generan incertidumbre y resistencia en el personal. Además, el déficit de competencias digitales se convierte en un obstáculo para la implementación efectiva de la transformación, requiriendo esfuerzos formativos y de acompañamiento por parte de los líderes.

En consecuencia, la relevancia del liderazgo en la Cuarta Revolución Industrial trasciende la simple adopción de innovaciones: implica un cambio de mentalidad organizacional que entreteje la agilidad, la inclusión, la sostenibilidad y la transparencia ética en la estrategia corporativa. Este panorama fundamenta la necesidad de profundizar en la relación entre la transformación digital y el liderazgo global y justifica el estudio detallado de los factores que promueven o frenan la adopción eficaz de la tecnología.

1.2 Objetivos y alcance de la obra

1.2.1 Objetivo general y objetivos específicos

El propósito de este libro es analizar en profundidad cómo la inteligencia artificial, la automatización y otras tecnologías emergentes influyen en la redefinición del liderazgo global en entornos empresariales digitalizados. A partir de este objetivo general, se han delineado varios objetivos específicos que guiarán la discusión:

1. **Examinar** de qué manera las tecnologías digitales expanden las habilidades y capacidades de los líderes, modificando sus roles y métodos de dirección.
2. **Evaluar** el impacto de la IA y la automatización en la toma de decisiones estratégicas, considerando tanto los beneficios (eficiencia, precisión) como los riesgos (deshumanización, dependencia algorítmica).
3. **Identificar** los desafíos y resistencias que surgen al implementar cambios tecnológicos significativos, explorando estrategias para superarlos con base en teorías de cambio organizacional y adopción de innovaciones.
4. **Proponer** pautas y buenas prácticas que integren competencias digitales, inteligencia emocional y liderazgo ético en la era de la automatización y el big data.

Este enfoque busca ofrecer una visión crítica y práctica para directivos, consultores, estudiantes e investigadores que desean comprender cómo capitalizar las oportunidades de la digitalización y, a la vez, mitigar sus posibles efectos adversos en el capital humano y en la cultura organizacional.

1.2.2 Preguntas de investigación

Para alinear los objetivos específicos con la investigación, se formulan las siguientes preguntas clave:

- ¿Cómo influyen la IA y la automatización en la distribución de responsabilidades y la definición de las funciones de liderazgo?
- ¿En qué forma se integra la inteligencia emocional a las decisiones empresariales cuando el análisis de datos y los algoritmos adquieren mayor protagonismo?
- ¿Qué modelos de liderazgo han demostrado mayor efectividad en contextos de transformación digital acelerada y por qué?
- ¿Cómo se pueden superar las resistencias al cambio en organizaciones donde la digitalización amenaza la estabilidad de algunos roles laborales?
- ¿Cuáles son las implicaciones éticas y de responsabilidad social que surgen al automatizar procesos y delegar decisiones a sistemas de IA?

Estas interrogantes servirán de eje conductor a lo largo de toda la obra, relacionando el marco teórico con los casos de estudio y las reflexiones finales.

1.3 Estructura del libro

Para lograr los propósitos enunciados, la obra se ha organizado en capítulos que combinan el fundamento teórico, la discusión crítica y la aplicación práctica:

1. **Capítulo 1. Introducción y Contexto** Presenta la justificación del tema, la importancia de la transformación digital en el liderazgo global, los objetivos y las preguntas de investigación. Incluye además el enfoque metodológico adoptado.

2. **Capítulo 2. Fundamentos Teóricos y Modelos Clave** Profundiza en los principales marcos conceptuales que dan soporte al estudio: el Modelo de Adopción de Innovaciones de Everett Rogers, la Teoría del Cambio Organizacional de Kurt Lewin y el Modelo de Liderazgo Transformacional de Bernard Bass. Se examina cómo estas teorías permiten comprender la difusión de la tecnología, la gestión del cambio y el rol del líder como agente transformador.

3. **Capítulo 3. Antecedentes de la Transformación Digital y el Liderazgo Global** Explora la evolución histórica de la digitalización, las tendencias recientes identificadas por consultoras e instituciones internacionales (Deloitte Insights, Foro Económico Mundial) y la forma en que los líderes han

abordado los desafíos emergentes. Se justifica por qué resulta crítico analizar estos cambios desde el liderazgo.

4. **Capítulo 4. Inteligencia Artificial y Automatización: Impactos en la Toma de Decisiones** Analiza con mayor detalle cómo la IA y la automatización alteran el proceso de decisión en las organizaciones, destacando tanto sus beneficios como los riesgos potenciales. Se abordan ejemplos de sectores donde las máquinas ya han reemplazado o complementado la intervención humana.

5. **Capítulo 5. Habilidades de Liderazgo Digital y la Capacidad de Adaptación** Identifica las competencias digitales y relacionales que habilitan al líder para aprovechar las herramientas tecnológicas sin perder de vista la relevancia de la dimensión humana. Se destaca la importancia de la inteligencia emocional, la comunicación virtual y la adaptabilidad.

6. **Capítulo 6. Resistencia al Cambio y Transformación Organizacional** Examina la resistencia al cambio, una de las barreras más frecuentes en la digitalización. Se toman como referencia las fases de descongelamiento, cambio y recongelamiento propuestas por Kurt Lewin, así como estrategias concretas para gestionar la incertidumbre y el temor que la adopción tecnológica puede generar.

7. **Capítulo 7. Integrando Personas y Tecnología: El Liderazgo Híbrido** Profundiza en la necesidad de lograr una convergencia equilibrada entre las competencias tecnológicas y humanas, enfatizando el papel de la empatía, la ética, la creatividad y la visión compartida.

8. **Capítulo 8. Estrategias y Herramientas para la Transformación Digital** Proporciona modelos, metodologías y guías prácticas para impulsar y evaluar iniciativas de transformación digital, abordando la ciberseguridad, la formación continua y la cultura organizacional.

9. **Capítulo 9. Casos de Estudio y Lecciones Aprendidas** Presenta ejemplos de empresas, como General Electric y Ford, que han implementado transformaciones digitales masivas. Se analizan sus aciertos y fracasos a la luz de los marcos conceptuales expuestos.

10. **Capítulo 10. Desafíos Futuros y Tendencias Emergentes** Reflexiona sobre las áreas de oportunidad y las amenazas que se vislumbran a mediano y

largo plazo, incluyendo la robótica colaborativa, la ética algorítmica, el metaverso y las nuevas exigencias formativas del liderazgo digital.

11. **Conclusiones Generales y Recomendaciones** Recapitula los hallazgos más relevantes y propone líneas de acción concretas para directivos, investigadores y tomadores de decisiones que busquen alinear la transformación digital con el desarrollo organizacional sostenible.

1.4 Enfoque metodológico

1.4.1 Alcance y perspectiva de la investigación

El presente trabajo se ha desarrollado bajo un enfoque cualitativo y un alcance teórico, orientado a analizar cómo la inteligencia artificial y la automatización están redefiniendo el liderazgo global en organizaciones altamente digitalizadas. Se hace énfasis en la revisión bibliográfica y el análisis de casos reales, con el fin de identificar patrones comunes en la adopción de innovaciones tecnológicas y en la gestión del cambio organizacional.

1.4.2 Unidades de análisis y fuentes consultadas

Las unidades de análisis incluyeron:

- Documentos académicos (artículos científicos, capítulos de libros) y publicaciones institucionales (informes de Deloitte, Foro Económico Mundial).
- Casos de estudio de empresas que han vivido procesos de transformación digital, sobresaliendo los de General Electric y Ford por su alcance y complejidad.
- Referencias teóricas fundamentales: el Modelo de Adopción de Innovaciones de Everett Rogers, la Teoría del Cambio Organizacional de Kurt Lewin y el Modelo de Liderazgo Transformacional de Bernard Bass.

Las bases de datos principales para la localización de literatura fueron JSTOR, PubMed y Google Scholar, aplicando ecuaciones de búsqueda que combinaron términos clave como "liderazgo global", "inteligencia artificial", "transformación digital" y "resistencia al cambio". Además, se emplearon filtros de citación y relevancia para priorizar estudios recientes.

1.4.3 Técnicas de recolección y procesamiento de datos

1. **Revisión sistemática de la literatura**: se identificaron y analizaron documentos que abordasen de forma directa o tangencial la relación entre tecnología y liderazgo, junto con reportes de organizaciones internacionales y consultoras de prestigio.
2. **Análisis cualitativo de contenido**: se adoptó un enfoque inductivo para clasificar los hallazgos y relacionarlos con los modelos teóricos seleccionados.
3. **Contrastación con estudios de caso**: se revisaron informes y experiencias de empresas en proceso de digitalización, enfocándose en las estrategias de liderazgo y gestión del cambio aplicadas.

Este procedimiento metodológico permitió elaborar conclusiones basadas en diversas fuentes, garantizando tanto la profundidad teórica como la pertinencia práctica de los resultados.

Capítulo 2. Fundamentos Teóricos y Modelos Clave

La transformación digital no puede entenderse plenamente sin analizar cómo se adoptan las innovaciones en las organizaciones, cómo se gestionan los procesos de cambio y qué papel desempeña el liderazgo en la motivación y orientación de los equipos. Para ello, este capítulo profundiza en tres modelos teóricos que brindan un marco analítico robusto: el Modelo de Adopción de Innovaciones de Everett Rogers, la Teoría del Cambio Organizacional de Kurt Lewin y el Modelo de Liderazgo Transformacional de Bernard Bass. Estos enfoques permiten entender, desde diferentes ángulos, cómo la tecnología influye en la dinámica organizacional y cómo los líderes pueden orquestar cambios significativos con éxito.

2.1 Modelo de Adopción de Innovaciones de Everett Rogers

2.1.1 Orígenes y fundamentos

El Modelo de Adopción de Innovaciones propuesto por Everett Rogers (2003) ha sido ampliamente reconocido como una de las piedras angulares para comprender la difusión de nuevas ideas, productos o tecnologías en diferentes entornos sociales y organizacionales. Rogers plantea que la adopción de innovaciones ocurre a través de un proceso en el cual distintos segmentos de la población —o de la organización— (innovadores, adoptadores tempranos, mayoría temprana, mayoría tardía y rezagados) presentan actitudes y comportamientos diferenciados al momento de adoptar una novedad.

Este enfoque destaca factores como:

- **Ventaja relativa**: cuánto perciben los potenciales usuarios que la innovación ofrece beneficios superiores a las prácticas o tecnologías previas.
- **Compatibilidad**: en qué medida la innovación se ajusta a los valores, experiencias y necesidades de la organización.
- **Complejidad**: cuán fácil o difícil es de entender y usar la nueva tecnología o procedimiento.
- **Observabilidad**: qué tan visible es para los demás la utilidad de la innovación.

- **Prueba (trialability)**: la posibilidad de probar la innovación en pequeña escala antes de un despliegue generalizado.

2.1.2 Aportes y revisiones críticas

Rogers et al. (2005) y posteriores estudios sostienen que las organizaciones pueden considerarse sistemas adaptativos complejos, en los cuales la difusión de innovaciones no solo responde a la comunicación formal, sino también a interacciones informales, percepciones compartidas y dinámicas culturales internas. En este sentido, el liderazgo asume un rol clave para alentar o inhibir la adopción, al definir prioridades estratégicas, asignar recursos y modelar actitudes frente a la innovación.

- **Vanderslice (2000)** revisa críticamente cómo la extensa síntesis de Rogers puede aplicarse a múltiples campos académicos, desde la pedagogía hasta la gerencia de proyectos.
- **Hoffmann (2007)**, por su parte, ofrece una mirada retrospectiva a las cinco ediciones del trabajo original, enfatizando cómo Rogers evolucionó desde un énfasis sociológico inicial hacia la consideración de la complejidad de los sistemas y los patrones de resistencia.

2.1.3 Relevancia para la transformación digital

En el contexto de la transformación digital, el modelo de Rogers ayuda a entender por qué ciertas organizaciones adoptan rápidamente tecnologías como la inteligencia artificial y la automatización, mientras que otras muestran escepticismo o demoran el proceso. Asimismo, explica de qué manera la resistencia al cambio puede emerger si la innovación se percibe como compleja, poco compatible con la cultura existente o de beneficio incierto.

Además, van Oorschot et al. (2018) señalan que la adopción de innovaciones digitales se ve afectada por factores como la infraestructura tecnológica, la disposición a invertir en capacitación y la visión estratégica de la alta dirección. Por lo tanto, la labor del líder consiste en facilitar el proceso de difusión, asignando recursos, promoviendo la experimentación controlada y comunicando de forma transparente los beneficios esperados de la innovación.

2.2 Teoría del Cambio Organizacional de Kurt Lewin

2.2.1 Estructura conceptual: descongelamiento, cambio y recongelamiento

La Teoría del Cambio Organizacional de Kurt Lewin constituye uno de los enfoques pioneros para explicar cómo las organizaciones transitan desde un estado actual hacia uno futuro deseado. Lewin (1951) describe el cambio como un proceso en tres fases:

1. **Descongelamiento**: Se cuestiona el statu quo y se crea una consciencia de la necesidad de cambio, rompiendo rutinas arraigadas.
2. **Cambio (o transición)**: Se introducen nuevas prácticas, valores o tecnologías, requiriendo el involucramiento de las personas y la adquisición de competencias distintas.
3. **Recongelamiento**: La innovación o el nuevo estado se consolida y estabiliza, integrándose a la cultura y las estructuras de la organización.

Si bien el modelo de Lewin ha recibido críticas por considerarse lineal y no reflejar la complejidad de los entornos actuales, Endrejat & Burnes (2024) sostienen que sus fundamentos siguen siendo vigentes en la Cuarta Revolución Industrial, ya que proporcionan un marco básico para entender las dinámicas de resistencia y aceptación, así como la importancia del refuerzo y la retroalimentación continua.

2.2.2 Aplicación en la transformación digital

En procesos de transformación digital, el descongelamiento implica concientizar a la organización sobre la urgencia de adoptar la IA o la automatización. Muchas veces, la resistencia radica en el temor al desplazamiento de puestos de trabajo o en la inseguridad acerca de las competencias requeridas. El líder debe articular por qué se necesita el cambio y cuál es el propósito estratégico de la adopción tecnológica.

Durante la etapa de cambio, resultan fundamentales la capacitación, la comunicación fluida y la participación activa de los empleados. Aquí, el líder que aplica una dirección transformacional, escuchando a sus equipos y resolviendo inquietudes, tenderá a lograr un mayor compromiso. Finalmente, la fase de recongelamiento alude a la estabilización de las prácticas digitales, la creación de protocolos y la evaluación constante de resultados, de modo que el nuevo comportamiento se convierta en parte de la cultura empresarial.

2.2.3 Sinergia con otros modelos

Cuando se combina la teoría de Lewin con el modelo de Rogers, es posible comprender tanto el proceso organizacional de cambio como la difusión de la innovación a nivel individual y colectivo. Así, el líder puede diseñar estrategias ajustadas a la etapa de adopción en la que se encuentran los colaboradores, al tiempo que se vale de las fases de Lewin para gestionar las transiciones y reducir resistencias.

2.3 Modelo de Liderazgo Transformacional de Bernard Bass

2.3.1 Concepto y evolución

El Modelo de Liderazgo Transformacional, propuesto inicialmente por James MacGregor Burns (1978) y desarrollado en profundidad por Bernard Bass (1985), describe un estilo de liderazgo en el que el líder inspira, motiva y fomenta la identificación y el compromiso de sus seguidores con una visión trascendente. Bass y Avolio (1994) detallan los cuatro componentes fundamentales de este tipo de liderazgo:

1. **Carisma o influencia idealizada**: El líder proyecta integridad y confianza, convirtiéndose en un referente moral y profesional.
2. **Motivación inspiracional**: El líder articula una visión atractiva y convincente, generando entusiasmo y un sentido de propósito colectivo.
3. **Estimulación intelectual**: Fomenta la creatividad y el pensamiento crítico, desafiando supuestos y promoviendo la innovación.
4. **Consideración individualizada**: Presta atención a las necesidades y aspiraciones personales de cada colaborador, ofreciendo mentoría y orientación.

2.3.2 Relevancia en entornos digitales

En la era de la transformación digital, el líder transformacional adquiere un papel primordial, pues:

- **Impulsa el cambio**: Al proyectar una visión clara sobre cómo la tecnología puede mejorar la eficiencia y competitividad, moviliza a la organización hacia la adopción de la innovación.

- **Gestiona la incertidumbre**: A través de la motivación inspiracional y la consideración individualizada, atenúa el temor al reemplazo laboral o a la disrupción de procesos tradicionales.
- **Promueve la creatividad y la experimentación**: Si los empleados se sienten apoyados, están más dispuestos a asumir riesgos, proponer mejoras y adaptarse a los cambios tecnológicos.

De acuerdo con Deng et al. (2023), el liderazgo transformacional se relaciona positivamente con la actitud hacia la adopción de IA, puesto que la comunicación inspiradora y la empatía facilitan la aceptación de soluciones digitales. Además, Bass y Riggio (2006) sostienen que los entornos de alta complejidad requieren líderes que integren el aspecto humano con la innovación tecnológica.

2.3.3 Integración con la adopción de innovaciones y la gestión del cambio

La combinación del Modelo de Liderazgo Transformacional con el de Rogers y el de Lewin aporta una perspectiva holística de los procesos de transformación digital. El liderazgo transformacional actúa como un catalizador para que la innovación (Rogers) se difunda más rápidamente y para que las personas transiten con menor resistencia por las etapas de cambio (Lewin). Así, el líder no solo introduce la tecnología, sino que promueve un entorno favorable a la experimentación y a la co-creación.

2.4 Convergencia de los Modelos y su Pertinencia en la Era Digital

Los modelos de Rogers, Lewin y Bass no operan de forma aislada. Por el contrario, cada uno cubre un nivel distinto del fenómeno de la transformación digital:

- **Difusión individual y colectiva de la innovación (Rogers)**: Nos explica cómo y por qué los individuos y los grupos deciden adoptar o rechazar una tecnología.
- **Gestión del cambio organizacional (Lewin)**: Enfatiza los procesos macro de transición cultural y estructural, ilustrando cómo el cambio se implanta y se consolida en la organización.

- **Rol del líder como facilitador del cambio y la innovación (Bass)**: Destaca las cualidades y estrategias que los líderes deben desplegar para alinear a las personas con la visión y generar un compromiso profundo.

En entornos digitales, la sinergia de estos tres enfoques facilita comprender y gestionar escenarios complejos: desde la primera fase de concienciación de la necesidad de transformar, hasta la consolidación de las nuevas tecnologías en la cultura organizacional. El liderazgo se erige como el hilo conductor que favorece la adopción fluida de la innovación (Rogers), la efectiva gestión del proceso de cambio (Lewin) y la inspiración y motivación constante (Bass).

2.5 Reflexiones del Capítulo

El recorrido por los fundamentos teóricos de Rogers, Lewin y Bass nos revela que, detrás de cualquier salto tecnológico o disruptivo, hay dinámicas humanas y culturales que dictan el ritmo real del cambio. No se trata solo de introducir una innovación o redefinir procesos; la verdadera diferencia radica en cómo el liderazgo moviliza —o no— las energías colectivas hacia una nueva realidad.

Este capítulo nos recuerda que la resistencia al cambio, ese fenómeno que a menudo causa frustración en los directivos, no es un obstáculo insalvable sino la señal de que se necesita mayor empatía, mejor comunicación y una visión compartida. Y es justamente aquí donde un liderazgo transformacional, cimentado en la inspiración y la consideración individualizada, puede hacer florecer la motivación de personas que no se veían a sí mismas como innovadoras.

Mientras nos adentramos en la Cuarta Revolución Industrial, surge una certeza: el éxito de la transformación digital depende tanto de la solidez técnica de una herramienta como de la capacidad del líder para promover la curiosidad y el compromiso de su equipo. En última instancia, cuando hablamos de difundir IA o automatización, hablamos de cultivar la confianza de quienes van a interactuar día a día con estas tecnologías, ya sea en la sala de juntas o en la línea de producción.

Por ello, esta parte teórica, lejos de ser un simple repaso a marcos conceptuales, se convierte en un mapa para que cada líder o profesional reconozca en qué punto está su organización y qué tipo de intervención necesita. De cara a los próximos capítulos, la invitación es a reflexionar:

- ¿Cómo se están gestionando las fases de cambio en mi entorno?
- ¿En qué etapa de adopción de innovaciones están mis colaboradores?
- ¿De qué manera estoy fomentando —o limitando— la creatividad y la confianza necesarias para la experimentación?

Las respuestas a estas preguntas perfilan la hoja de ruta para convertir la transformación digital en un catalizador de oportunidades, y no meramente en una imposición tecnológica. En los próximos capítulos, veremos cómo se ha vivido esta dinámica en casos reales y qué estrategias concretas se pueden emplear para alinear la visión de negocio con el desarrollo humano y el potencial infinito de la innovación.

Capítulo 3. Antecedentes de la Transformación Digital y el Liderazgo Global

En la actualidad, la transformación digital se ha convertido en un proceso continuo que integra la adopción de tecnologías disruptivas, el rediseño de modelos de negocio y la transformación cultural dentro de las organizaciones. Comprender sus raíces históricas, los factores impulsores de la Cuarta Revolución Industrial y el panorama de oportunidades y desafíos que se derivan de ella es vital para explicar cómo el liderazgo global se ve obligado a reinventarse y a asumir competencias cada vez más complejas.

3.1 De la Automatización Temprana a la IA: Una Breve Evolución Histórica

3.1.1 Automatización Temprana y Electrificación de Procesos

Los esfuerzos iniciales de digitalización empresarial surgieron a mediados del siglo XX, cuando la automatización temprana se concentraba en sustituir labores manuales repetitivas por mecanismos eléctricos y mecánicos, principalmente en el ámbito industrial. La llegada de robots en líneas de producción redujo errores y costes, inaugurando una nueva era de optimización en sectores manufactureros.

- **Ejemplo Clásico**: La adopción de brazos robóticos en la industria automotriz permitió producir grandes volúmenes con uniformidad y mayor control de calidad.
- **Limitaciones**: Estos sistemas ofrecían poca flexibilidad y solían requerir inversiones muy altas, creando una brecha entre la planta de producción —altamente automatizada— y las áreas de soporte o administrativas —menos digitalizadas—.

3.1.2 Informatización y Surgimiento de Redes

El advenimiento de las computadoras mainframe y la expansión de redes locales (LAN) marcaron un hito en la informatización de diversas áreas corporativas: contabilidad, nómina, inventarios, entre otras. Esto sentó las bases para la digitalización masiva, ya que se empezaron a consolidar bases de datos y procesos internos en sistemas de gestión empresarial (ERP).

- **Profesionalización de Roles**: Aparecen los administradores de sistemas y los analistas de datos, que mantienen y gestionan la información corporativa.

- **Enfoque Estratégico**: Las computadoras dejan de ser simples máquinas de cálculo para convertirse en nodos de **comunicación e integración**, preparando el terreno para la colaboración interdisciplinaria y el flujo de datos en tiempo real.

3.1.3 Convergencia Digital: Internet y Servicios Web

La década de los 90 y los primeros años del nuevo siglo estuvieron marcados por la explosión de Internet y la proliferación de servicios web. El acceso global a la información y la conectividad continua permitieron nuevas formas de colaboración, la emergencia de modelos de negocio digitales (e-commerce, SaaS, etc.) y un mayor entendimiento de la tecnología como factor clave de competitividad.

- **Transformación del Valor**: La experiencia del cliente y la innovación continua se convirtieron en diferenciadores fundamentales.
- **Cambios Culturales**: Organizaciones grandes y pequeñas comenzaron a apostar por estructuras más planas y flexibles, orientadas a la integración de la tecnología en todas las áreas.

3.1.4 El Auge de la Inteligencia Artificial

Con el auge de la computación en la nube y la disponibilidad de algoritmos de machine learning, la IA se expandió más allá de la investigación académica, ingresando en ámbitos corporativos y gubernamentales. Las empresas descubrieron el poder predictivo y analítico de la IA, dando lugar a avances significativos en recomendaciones personalizadas, detección de fraudes y optimización de procesos logísticos.

- **Cambio Profundo**: La IA no solo agiliza tareas, sino que analiza patrones complejos, anticipa escenarios y reduce la incertidumbre.
- **Exigencias de Liderazgo**: Integrar IA en la estrategia empresarial requiere líderes capaces de interpretar la tecnología y guiar el desarrollo de competencias en la fuerza laboral, promoviendo la adaptación y la innovación.

3.2 Factores Impulsores de la Cuarta Revolución Industrial

La denominada Cuarta Revolución Industrial se define por la interconexión de tecnologías como el internet de las cosas (IoT), la robótica colaborativa, la computación en la nube y la inteligencia artificial. Según el Foro Económico Mundial (2021), estos son algunos de los factores clave:

- Acceso Masivo a Infraestructura Tecnológica
  - El cómputo en la nube y las suscripciones basadas en uso han abaratado la entrada a tecnologías de punta, permitiendo que tanto pymes como grandes corporaciones las adopten.
- Dataficación Extrema
  - La recolección y el análisis de datos en volúmenes gigantescos (big data) se han convertido en el eje de la toma de decisiones estratégicas.
- Evolución de la Robótica y la Automatización
  - Robots cada vez más inteligentes, capaces de trabajar en equipo con humanos y adaptarse rápidamente a cambios en la demanda o el entorno.
- Necesidad de Resiliencia y Agilidad
  - La volatilidad económica y la competencia global exigen estructuras organizativas que respondan con rapidez a escenarios cambiantes, lo que incentiva la adopción de modelos ágiles y un liderazgo flexible.

Estas transformaciones tecnológicas y organizacionales conllevan, a su vez, la reconfiguración de la cultura empresarial, que se profundiza en los siguientes apartados.

3.3 Panorama Actual: Oportunidades y Desafíos

La **transformación digital** abre un abanico de oportunidades, pero al mismo tiempo plantea retos importantes. Esta dualidad exige a los líderes una visión capaz de **maximizar** los beneficios y **mitigar** los riesgos.

3.3.1 Oportunidades

1. Innovación en Productos y Servicios
   - La IA y la automatización permiten diseñar soluciones a la medida del cliente, fomentando la fidelización y ampliando la oferta de la empresa.
   - La digitalización agiliza la colaboración transversal, estimulando la creatividad y el surgimiento de nuevos modelos de negocio.

2. Mejor Competitividad en Mercados Volátiles

   o El análisis de datos en tiempo real facilita la adaptación ágil a cambios en la demanda, optimizando la gestión de la cadena de suministro.

   o Empresas más pequeñas y recién llegadas pueden competir con gigantes consolidados al contar con acceso a la misma infraestructura tecnológica.

3. Impulso a la Eficiencia Operativa

   o La automatización de tareas repetitivas o manuales reduce errores y costos, mientras que el talento humano se enfoca en labores de mayor impacto.

   o Herramientas colaborativas y plataformas virtuales eliminan barreras geográficas, promoviendo la cercanía de equipos dispersos y la optimización de recursos.

3.3.2 Desafíos

1. Brechas Digitales e Inclusividad

   o No todos los colaboradores poseen el mismo nivel de alfabetización digital. Es indispensable la formación continua y planes de desarrollo profesional para que la tecnología sea inclusiva y no discriminante.

   o Cortellazzo et al. (2019) resaltan que la digitalización genera cambios identitarios en los perfiles profesionales, por lo que se requiere liderazgo empático que acompañe a los equipos en estos procesos de transición.

2. Ciberseguridad y Gobernanza Tecnológica

   o Cuanto más conectada está la organización, mayor es la superficie de ataque. Los líderes deben abogar por políticas de seguridad robustas y la concientización en buenas prácticas.

   o El Foro Económico Mundial propone enfoques de gobernanza que contemplen la seguridad y la sostenibilidad del ecosistema digital.

3. Resistencia al Cambio y Efectos Laborales

   o Algunas tareas quedan obsoletas con la automatización, lo que genera miedo al desempleo y provoca tensiones internas.

o Comunicaciones claras sobre objetivos, acompañamiento en la reconversión de habilidades y la inclusión de la fuerza laboral en la toma de decisiones ayudan a mitigar los temores.

4. Marcos Regulatorios en Evolución

o La inteligencia artificial y el uso masivo de datos plantean cuestiones éticas y legales (privacidad, propiedad intelectual, sesgos algorítmicos).

o En ausencia de regulaciones uniformes a escala global, las organizaciones deben auto-regularse y seguir mejores prácticas internacionales para evitar dilemas reputacionales o sanciones.

3.4 El Rol del Liderazgo Global en la Era Digital

En este entorno altamente competitivo y cambiante, el liderazgo se convierte en el eje articulador de la transformación digital. No basta con contar con tecnologías avanzadas o grandes presupuestos; la cultura, la motivación y la estrategia que impulsan los líderes marcan la diferencia entre el éxito y el rezago.

1. Visión y Estrategia

o El líder define la hoja de ruta de la digitalización, priorizando proyectos y asegurando que el enfoque tecnológico se alinee con las metas globales de la organización.

o Según **Deloitte Insights (2020)**, los líderes tecnológicos con asiento en los comités de dirección contribuyen a una adaptación más fluida y a la innovación continua.

2. Gestión del Cambio y Comunicación

o Explicar no solo "qué" tecnología se adopta, sino "por qué" y "para qué" se hace, resulta esencial para contrarrestar la resistencia al cambio.

o Un estilo de liderazgo transformacional motiva y acompaña a los colaboradores, reduciendo la ansiedad ante la automatización.

3. Talento y Desarrollo de Competencias

o La digitalización acelera la obsolescencia de algunas habilidades, por lo que la formación y la mentoría adquieren un carácter estratégico.

o El líder estimula la curiosidad, la apertura al aprendizaje y el surgimiento de equipos multidisciplinarios que comprendan la tecnología y sus implicaciones.

4. Ética y Sostenibilidad

   o La transformación digital puede generar exclusión o exacerbar sesgos si no se maneja con responsabilidad.

   o Los líderes globales velan por la implementación de mecanismos de transparencia y equidad en el uso de datos, conscientes de su influencia en la reputación corporativa y la confianza del cliente.

3.5 Ajustando la Cultura Organizacional para la Transformación

La **cultura organizacional** funge como matriz que acoge la transformación digital. Donde existe una cultura de colaboración y aprendizaje continuo, la adopción de la IA y de otros avances tecnológicos se facilita y potencializa.

1. Espacios de Experimentación

   o Pilotajes controlados y laboratorios de innovación dan oportunidad de probar nuevas herramientas, fomentando la creatividad y el aprendizaje del error.

   o Este enfoque refuerza la confianza de los equipos y reduce la resistencia ante cambios más amplios.

2. Inclusividad Tecnológica

   o Planes de capacitación adaptados a diferentes perfiles y trayectorias profesionales.

   o Programas de mentoría para personal con menor exposición a las tecnologías emergentes, evitando la fragmentación interna de la cultura.

3. Valores y Principios Éticos

   o Integrar la protección de datos, la ciberseguridad y la responsabilidad social en la misión y visión de la organización.

   o Tomar en cuenta lineamientos internacionales o normativas propias que regulen la relación de la empresa con la sociedad y el medioambiente.

4. Participación y Cocreación
   - o Equipos multidisciplinarios, representativos de las distintas áreas de la empresa, generan soluciones más ajustadas a necesidades reales.
   - o La implicación de colaboradores en la definición de prioridades y en la evaluación de tecnologías alinea la estrategia con el compromiso del personal.

3.6 Breve Reflexión Personal: Convergencia entre Tecnología y Finanzas

En mi rol de director de proyectos y consultor especializado en tecnología y finanzas, he constatado que la adopción tecnológica suele tropezar más con las concepciones culturales o la falta de visión estratégica que con obstáculos de orden técnico. En proyectos de automatización financiera, por ejemplo, la utilización de algoritmos de IA logra notables eficiencias en estimaciones y pronósticos; sin embargo, el verdadero éxito se da únicamente cuando los equipos entienden el propósito detrás de la innovación y se sienten protagonistas de la transformación, no meros ejecutores de un mandato superior.

Esta vivencia coincide con los aportes de Cortellazzo et al. (2019), quienes subrayan la dimensión identitaria del cambio digital y la relevancia de que los líderes fomenten la confianza y un discurso de crecimiento compartido. Bajo esta perspectiva, la tecnología actúa como un habilitador de la competitividad y la resiliencia, pero sin un liderazgo global integrador, su impacto se diluye o incluso puede generar un clima de incertidumbre que boicotee la propia innovación.

3.7 Transición Hacia el Próximo Capítulo

El recorrido histórico y los factores de la Cuarta Revolución Industrial, junto con las oportunidades y los desafíos identificados, ilustran la amplitud y complejidad de la transformación digital. No se trata únicamente de desplegar soluciones tecnológicas, sino de rediseñar la cultura, los procesos y las competencias. En este escenario, el liderazgo global se convierte en el eje que facilita o entorpece la adopción de la innovación.

En el Capítulo 4, exploraremos con mayor detalle cómo la inteligencia artificial y la automatización impactan de forma directa la toma de decisiones estratégicas, y de qué manera estos cambios se enlazan con los modelos teóricos de adopción de innovaciones (Rogers), gestión del cambio (Lewin) y liderazgo transformacional (Bass). Dichos marcos ofrecerán una perspectiva sólida para profundizar en los mecanismos que vuelven sostenible y humano el cambio tecnológico en las organizaciones.

Capítulo 4. Inteligencia Artificial y Automatización: Impactos en la Toma de Decisiones

La inteligencia artificial (IA) y la automatización han dejado de ser conceptos lejanos para convertirse en parte esencial de la transformación digital en las organizaciones. Estos avances no solo inciden en la eficiencia operativa, sino que también redefinen la toma de decisiones estratégicas y alteran la manera en que los líderes conducen a sus equipos y gestionan el cambio. En este capítulo, se examina el alcance y la influencia de estas tecnologías sobre la planificación corporativa, se identifican desafíos y consideraciones éticas, y se plantean implicaciones concretas para el liderazgo en la era digital.

4.1 Definiciones y Alcance

4.1.1 Inteligencia Artificial

La inteligencia artificial (IA) puede entenderse como la capacidad de sistemas informáticos para realizar tareas que usualmente requieren de la inteligencia humana, tales como el aprendizaje, el razonamiento y la toma de decisiones (Russell & Norvig, 2016). En el ámbito empresarial, esta definición se traduce en algoritmos capaces de:

- **Aprender de patrones** en grandes volúmenes de datos (machine learning).
- **Generar inferencias predictivas** (modelos de pronóstico de ventas, detección de fraudes, optimización logística).

- **Adaptarse** y refinar sus resultados conforme reciben retroalimentación (deep learning, sistemas de recomendación).

4.1.2 Automatización

La automatización alude a la sustitución parcial o total de tareas humanas mediante sistemas tecnológicos. Es un concepto más amplio que abarca desde la robotización física (en líneas de ensamblaje) hasta la denominada automatización de procesos robóticos (RPA) en el ámbito de servicios (por ejemplo, flujos de trabajo en áreas contables o de atención al cliente). A diferencia de la IA, cuya base se encuentra en la capacidad de aprendizaje y análisis de datos, la automatización se centra más en la ejecución sistemática de procesos repetitivos.

4.1.3 La Convergencia de IA y Automatización

Con la maduración de la Cuarta Revolución Industrial, las organizaciones han empezado a combinar IA con automatización para maximizar resultados, por ejemplo:

- Analítica predictiva (IA) que detecta cuándo se requiere una acción, y luego un proceso automatizado que ejecuta esa acción en sistemas de inventario o logística.
- Chatbots inteligentes que no solo brindan respuestas predefinidas, sino que analizan el lenguaje natural para refinar sus interacciones con el usuario.

Esta convergencia está transformando la toma de decisiones al permitir un nivel de precisión y rapidez sin precedentes, brindando a los líderes información relevante en tiempo real y agilizando la ejecución de iniciativas.

4.2 Optimización y Toma de Decisiones Estratégicas

El impacto profundo que la inteligencia artificial (IA) y la automatización tienen en la toma de decisiones estratégicas de los líderes en entornos empresariales digitalizados es notable. Estas tecnologías no solo optimizan las microdecisiones y permiten decisiones en tiempo real de mayor volumen gracias a la automatización de algoritmos, sino que también mejoran la calidad, eficiencia y precisión en la toma de decisiones (Ross & Taylor, 2021). Sin embargo, también presentan riesgos significativos como la dependencia excesiva en algoritmos que puede llevar a la deshumanización de decisiones críticas, donde el juicio humano sigue siendo indispensable (Chui et al., 2018).

En la industria financiera, por ejemplo, la IA ya está reemplazando tareas humanas en el análisis de crédito y la gestión de riesgos, utilizando algoritmos avanzados para evaluar la solvencia de los clientes más rápidamente y con mayor precisión que los métodos tradicionales. En la manufactura, la automatización ha transformado las líneas de ensamblaje con robots que realizan tareas repetitivas, aumentando la eficiencia y reduciendo la incidencia de errores (Ross & Taylor, 2021; Chui et al., 2018). Asimismo, se debe considerar el potencial de estas tecnologías para transformar la estructura organizacional y la cultura empresarial a largo plazo. La dirección estratégica debe enfocarse no solo en la eficiencia tecnológica, sino también en la gestión de capital humano adaptativo y resiliente (Chui et al., 2016).

4.2.1 Transformación de las Microdecisiones

Según Ross y Taylor (2021), la automatización puede ocuparse de innumerables microdecisiones rutinarias —por ejemplo, la aprobación de facturas recurrentes o la identificación de clientes con riesgo crediticio—, liberando el tiempo de los líderes para enfocarse en decisiones estratégicas. Específicamente:

- **Velocidad**: Las máquinas procesan grandes volúmenes de datos de manera ininterrumpida, generando respuestas inmediatas.
- **Precisión**: Al reducir el factor humano en tareas repetitivas, se disminuye la probabilidad de errores.
- **Escalabilidad**: Sistemas automatizados pueden manejar picos de trabajo con mínima intervención humana, respondiendo a la demanda sin comprometer la calidad.

En la práctica, esto se traduce en menor carga operacional para los equipos directivos, quienes pueden dedicar su atención a la planificación de nuevos productos o servicios, la relación con clientes y la exploración de oportunidades de negocio.

4.2.2 La IA en Decisiones de Alto Nivel

La IA ha dado un paso más allá al aportar modelos de aprendizaje profundo (deep learning) que analizan correlaciones complejas en tiempo real. Chui et al. (2018)

demuestran cómo las organizaciones que integran IA en su estrategia de datos logran identificar patrones poco evidentes, consiguiendo ventajas competitivas en la formulación de presupuestos, la segmentación de mercados y la detección temprana de problemas operativos. Algunos ejemplos destacados incluyen:

- **Sistemas de recomendación** en plataformas de streaming o comercio electrónico, capaces de anticipar gustos y necesidades de los usuarios.
- **Modelos de predicción de demanda** en retail y manufactura, que se nutren de datos históricos y variables externas (clima, actividad económica, etc.) para optimizar stocks y operaciones.
- **Algoritmos de trading** en finanzas, que operan en fracciones de segundo analizando multitud de señales de mercado.

Estos casos evidencian cómo la IA puede respaldar a los líderes en decisiones críticas, aportando un grado de certeza mayor que el que se obtiene con métodos tradicionales, y permitiendo una reacción más ágil frente a los cambios del entorno.

4.2.3 El Factor Humano: Intuición y Creatividad

Pese a que la IA provee precisión y celeridad, no puede sustituir la intuición humana, la creatividad o la visión a largo plazo que caracterizan las decisiones más trascendentes. Por ello, se plantea un escenario de complementariedad:

- El líder interpreta los hallazgos que arrojan los algoritmos y considera las variables contextuales difíciles de modelar en sistemas.
- La empatía y la comprensión de las dinámicas sociales y culturales siguen siendo dominio del factor humano, imprescindibles para negociaciones, motivación de equipos y liderazgo ético.

En suma, la IA y la automatización potencian la capacidad de análisis y ejecución, pero la dirección estratégica y la responsabilidad final de la decisión siguen recayendo en la visión y el criterio del líder.

4.3 Desafíos y Consideraciones Éticas

4.3.1 Dependencia Algorítmica y Deshumanización

Un riesgo crítico al depositar demasiada confianza en los algoritmos es la **deshumanización** de decisiones que afectan a personas (empleados, clientes, proveedores). Aunque los modelos puedan maximizar la eficiencia, la **dimensión ética** exige evaluar:

- **Sesgos algorítmicos**: Si el conjunto de datos de entrenamiento no es diverso o está contaminado, las conclusiones del sistema podrían reproducir discriminación o inequidad.
- **Falta de flexibilidad**: Un modelo puede ignorar variables humanas, emocionales o contextuales que no se reflejan en los datos numéricos.

Las organizaciones que optan por la automatización extensiva deben asegurar siempre un **control humano** que revise los resultados y corrija posibles sesgos o consecuencias no deseadas.

4.3.2 Privacidad y Regulación

La adopción generalizada de IA y la automatización implica el **tratamiento masivo de datos**. Esto trae consigo inquietudes sobre la privacidad de la información y la ciberseguridad:

- **Gestión de datos sensibles**: Bancos, hospitales y organismos gubernamentales manejan información altamente confidencial; un uso indebido o filtraciones generan graves daños a la confianza de los usuarios.
- **Cumplimiento legal**: Normativas como el Reglamento General de Protección de Datos (GDPR) en Europa, u otras en distintas regiones, exigen transparencia, límites en el almacenamiento y uso correcto de datos personales.
- **Responsabilidad compartida**: Mientras los líderes deben velar por el cumplimiento y la ética, los departamentos de TI y las asesorías legales deben articular políticas claras para prevenir y detectar vulneraciones.

4.3.3 Impacto Laboral y Cambio Organizacional

La automatización de tareas repetitivas puede provocar **temor al desempleo** o a la obsolescencia de ciertos roles. Además, las nuevas competencias que demanda la IA cambian los perfiles de los puestos. Este panorama requiere:

- **Plan de reentrenamiento** (reskilling/upskilling): Para que los empleados desarrollen competencias digitales y asuman tareas de mayor valor agregado.
- **Comunicación abierta** sobre los objetivos de la automatización: Explicar que la tecnología libera tiempo para tareas más creativas o analíticas reduce la resistencia al cambio.
- **Reconfiguración de estructuras**: Con IA y automatización, algunas jerarquías tradicionales se flexibilizan, dando pie a equipos ágiles y multidisciplinarios que integran expertos en ciencia de datos, ingenieros de automatización y líderes con visión transversal.

4.4 Implicaciones para el Liderazgo

4.4.1 Liderazgo Digital y Gestión del Conocimiento

En un entorno donde la IA y la automatización asumen gran parte de las tareas operativas, el líder debe destacar en:

1. **Curaduría de Información**: Saber qué datos y resultados de la IA realmente aportan al objetivo estratégico.
2. **Difusión de Conocimiento**: Asegurar que los insights generados por los algoritmos no permanezcan en silos, sino que se integren a la cultura de la organización y a las rutinas de toma de decisiones.
3. **Fomento de la Transparencia**: Explicar cómo funcionan ciertos modelos de IA (en la medida de lo posible) y por qué se adoptan para que el equipo entienda las ventajas y los límites.

4.4.2 Nuevo Enfoque en Habilidades Blandas

La creciente automatización coloca mayor énfasis en habilidades humanas que no pueden ser programadas:

- **Inteligencia Emocional y Empatía**: Imprescindibles para navegar los temores de la plantilla y generar confianza en los procesos de cambio.
- **Comunicación Efectiva**: Los líderes deben traducir los hallazgos de la IA en planes de acción claros y alineados con la cultura de la organización.
- **Pensamiento Crítico**: Revisar y cuestionar los resultados de los modelos, evitando una dependencia ciega de los algoritmos.

4.4.3 Decisiones Estratégicas con Equilibrio Humano-Tecnológico

El papel del líder evoluciona hacia un **mediador** que combina la precisión de la IA con la sensibilidad humana y la perspectiva de largo plazo. Como sostienen varios estudios (Ross & Taylor, 2021; Chui et al., 2018), el mayor impacto se produce cuando:

- La **IA** y la automatización se enfocan en potenciar la eficiencia y la innovación.
- El **liderazgo** se encarga de guiar la adaptación cultural, formar al personal y velar por la ética y la sostenibilidad.

4.5 Reflexiones del capítulo

La incorporación de IA y automatización representa un cambio radical en la forma de tomar decisiones dentro de las organizaciones. Por un lado, se obtiene rapidez y exactitud; por el otro, emergen interrogantes sobre la ética, el papel del talento humano y la sostenibilidad a largo plazo. Los líderes deben, entonces, adoptar una postura crítica y equilibrada: aprovechar el poder de la tecnología y, a la vez, preservar la esencia humana que aporta sentido, empatía y responsabilidad a cada elección.

En el próximo capítulo, exploraremos cómo estos cambios se engarzan con los marcos teóricos ya presentados —Modelo de Adopción de Innovaciones (Rogers), Teoría del Cambio Organizacional (Lewin) y Liderazgo Transformacional (Bass)— para comprender por qué la resistencia al cambio, la gestión de la cultura y la motivación de los equipos son tan determinantes en el éxito de la transformación digital. A medida que IA y automatización consoliden su presencia en la toma de decisiones, el liderazgo necesitará cada vez más habilidades para navegar con empatía, comunicar con transparencia y asegurar la sostenibilidad en un entorno dominado por la incesante innovación.

Con ello, se reafirma que el liderazgo global en la era digital no puede limitarse a la adopción pasiva de herramientas tecnológicas, sino que debe orquestar la convergencia entre procesos automatizados y talento humano, fomentando tanto la agilidad como la cohesión y el compromiso de todos los actores involucrados.

Capítulo 5. Habilidades de Liderazgo Digital y la Capacidad de Adaptación

La transformación digital exige a los líderes un nuevo conjunto de competencias y una mentalidad abierta al cambio continuo. Si antes bastaba con ejercer autoridad y coordinación, en la era de la inteligencia artificial (IA) y la automatización se requiere combinar la visión tecnológica con la empatía, la adaptabilidad y el aprendizaje constante. Este capítulo profundiza en las habilidades de liderazgo digital que se desprenden de la integración de la tecnología en los procesos organizacionales, enfatizando las competencias blandas, el manejo del cambio y la necesidad de promover culturas ágiles. Se abordarán tanto elementos conceptuales como ejemplos prácticos, para ilustrar cómo los líderes pueden cultivar la capacidad de adaptación en un entorno empresarial en evolución permanente.

5.1 Liderazgo Digital: Hacia un Enfoque Multidisciplinario

El liderazgo digital no se limita a poseer competencias técnicas puntuales, sino que implica entender la tecnología como un catalizador de procesos culturales y transformaciones profundas en la forma de trabajar. De acuerdo con Cortellazzo et al. (2019), el líder que encabeza la innovación digital debe ser capaz de:

1. **Comunicar la visión** de cómo la tecnología impulsa el crecimiento y la sostenibilidad.
2. **Articular procesos de adopción** (siguiendo, por ejemplo, el Modelo de Rogers sobre la difusión de innovaciones).
3. **Conectar las implicaciones del cambio** con el bienestar y desarrollo profesional de los equipos.

Este liderazgo requiere la habilidad de **movilizar recursos** —tanto financieros como humanos— para convertir la digitalización en un proceso inclusivo y coherente con los objetivos estratégicos.

5.2 Principales Competencias de Liderazgo Digital

5.2.1 Visión Tecnológica y Curiosidad

Para guiar a las organizaciones en la era digital, los líderes necesitan una visión tecnológica que vaya más allá de lo meramente operativo. No es esencial dominar todos los lenguajes de programación o algoritmos, pero sí contar con la curiosidad suficiente para:

- **Explorar** tendencias de IA, automatización, big data o computación en la nube.
- **Evaluar** el potencial de nuevas soluciones y cómo se alinean con la estrategia corporativa.
- **Anticipar** las disrupciones que estas tecnologías puedan ocasionar en el mercado o en el modelo de negocio.

La curiosidad impulsa al líder a **preguntar**, **aprender** y **adaptarse**, garantizando una visión de futuro que prevenga el estancamiento organizacional.

5.2.2 Alfabetización y Competencias Digitales

Si bien no todos los directivos deben ser expertos en programación, el dominio de ciertas competencias digitales se convierte en un factor diferenciador:

- **Alfabetización de datos**: Entender conceptos básicos de analítica y estadística para interpretar informes y dashboards de rendimiento.
- **Herramientas colaborativas**: Conocer plataformas y ecosistemas digitales (Teams, Slack, SharePoint, etc.) que facilitan la comunicación y el intercambio de información.
- **Manejo de seguridad y privacidad**: Estar al tanto de los principales riesgos cibernéticos y normativas de protección de datos, para promover la integridad de la información.

Estas competencias generan mayor autonomía y criterio para el diálogo con los equipos técnicos, evitando una dependencia total de asesores externos o de mandos intermedios. En el dinámico entorno empresarial de hoy, marcado por rápidos avances tecnológicos, las habilidades de liderazgo digital y la capacidad de adaptación no son solo deseables, sino esenciales. Líderes que dominan estas competencias están mejor equipados para implementar y maximizar las tecnologías emergentes, influyendo directamente en la productividad y eficiencia organizacional.

Según Chamorro-Premuzic (2021), los líderes eficaces en la gestión de tecnologías digitales pueden incrementar la productividad de sus equipos hasta en un 24% y la eficiencia operativa en un 30%. Sin embargo, es vital que estos avances no se persigan a costa de los aspectos humanos de la organización. Un enfoque meramente técnico podría desatender necesidades críticas del personal, como el bienestar y el desarrollo profesional continuo, esenciales para la sostenibilidad a largo plazo.

5.2.3 Pensamiento Estratégico y Adaptabilidad

En un entorno altamente volátil, el pensamiento estratégico gana relevancia al vincular la adopción tecnológica con los objetivos de largo plazo. Para ello, la adaptabilidad se erige como una competencia esencial:

- **Reconfigurar prioridades** con rapidez ante nuevas oportunidades o amenazas digitales.
- **Aprender de los fracasos** de implementación y reutilizar ese conocimiento para afinar la estrategia.
- **Aplicar metodologías ágiles** que fragmenten los proyectos en fases más cortas, con retroalimentación continua (DevOps, Scrum, Lean, etc.).

La adaptabilidad no se reduce a la acción individual del líder; implica también su capacidad de promover la agilidad en toda la organización. Klus y Müller (2021) argumentan que estar al día con las últimas tendencias tecnológicas es crucial para los líderes contemporáneos. Sin embargo, enfocarse exclusivamente en la tecnología puede llevar a una gestión deshumanizada, donde la eficiencia tecnológica eclipsa la importancia de la conexión humana y el liderazgo ético. Por lo tanto, el líder debe equilibrar su competencia técnica con fuertes habilidades interpersonales.

La agilidad digital debe ser cultivada como una competencia central en el liderazgo moderno, según examinan Sambamurthy et al. (2003). Proponen que la flexibilidad y la capacidad de adaptación son tan cruciales como la adopción de la tecnología misma. Un liderazgo rígido y no adaptable puede resultar en una falta de respuesta a las dinámicas del mercado en constante evolución, poniendo en riesgo la competitividad de la organización. Asimismo, Khan (2016) resalta la importancia de desarrollar habilidades adaptativas para una colaboración efectiva con máquinas, aumentando la competitividad organizacional en un 25%.

5.2.4 Comunicación Virtual y Liderazgo de Equipos Remotos

El aumento del trabajo en remoto y la colaboración virtual exige habilidades de comunicación específicas:

- **Claridad y empatía**: La interacción digital puede generar malentendidos por la ausencia de señales no verbales. El líder debe asegurarse de que los objetivos, plazos y expectativas se comprendan sin ambigüedades.
- **Conexión personal**: Espacios de intercambio informal (cafés virtuales, check-ins) pueden ser cruciales para reforzar la cohesión y la motivación del equipo.
- **Coordinación de husos horarios**: La globalización y la dispersión geográfica implican gestionar calendarios diversos y respetar la multiculturalidad.

Aquí, las competencias blandas —inteligencia emocional, escucha activa, retroalimentación constructiva— se entrelazan con la alfabetización digital y la iniciativa para cultivar un entorno colaborativo a distancia.

5.2.5 Inteligencia Emocional y Empatía

La inteligencia artificial y la automatización generan incertidumbre en la plantilla. Algunas personas temen a la obsolescencia de sus roles; otras pueden sentirse abrumadas por la necesidad de aprender nuevas tecnologías. El líder digital debe:

- **Practicar la empatía** para identificar inquietudes y promover un diálogo abierto sobre el proceso de cambio.
- **Brindar seguridad psicológica**: Permitir que los empleados exploren soluciones y cometan errores controlados fomenta la creatividad y reduce la resistencia al cambio.
- **Equilibrar la atención** entre resultados y bienestar, reconociendo que la dimensión humana es esencial para el éxito de cualquier iniciativa tecnológica.

La intersección de habilidades humanas y tecnológicas constituye un eje central para la efectividad del liderazgo en la era digital. Avolio y Kahai (2003) enfatizan que la capacidad de manejar eficazmente las emociones propias y las de los demás es crucial para facilitar la adaptación a nuevas tecnologías. Ignorar estos aspectos humanos puede derivar en equipos menos comprometidos y renuentes a adoptar el cambio, lo que socava la evolución digital de la organización.

5.2.6 Ética y Responsabilidad Social

Las organizaciones modernas no pueden obviar las implicaciones éticas y sociales de sus acciones tecnológicas. El líder digital debe:

- **Garantizar la equidad** en la aplicación de algoritmos, minimizando sesgos y vigilando el uso de datos sensibles.
- **Impulsar la inclusión** y la diversidad, asegurando que la digitalización beneficie a todos los grupos y no amplíe brechas existentes.
- **Promover la sostenibilidad** en las iniciativas tecnológicas, evaluando la huella ambiental y social de las soluciones adoptadas (Foro Económico Mundial, 2021).

En definitiva, la credibilidad del liderazgo digital depende en gran medida de la forma en que se asumen estos compromisos éticos. Sheninger (2019) advierte que la adopción de tecnologías sin un enfoque estratégico y ético puede llevar a iniciativas tecnológicas que, aunque llamativas sobre el papel, fallen en generar valor sostenible si no refuerzan la cultura organizacional y promueven un sentido de pertenencia y propósito.

5.3 Capacidad de Adaptación y Resiliencia Organizacional

La capacidad de adaptación implica tanto la agilidad para reaccionar a cambios inmediatos como la resiliencia para soportar crisis prolongadas. Esta resiliencia organizacional se ve fortalecida por la solidez del liderazgo y la confianza que el líder genera en su equipo.

5.3.1 El Papel del Liderazgo Transformacional

El Modelo de Liderazgo Transformacional de Bernard Bass subraya que los líderes que inspiran, motivan y prestan atención individualizada fomentan una cultura de cambio positivo (Bass & Riggio, 2006). En el ámbito digital, esto se traduce en:

- **Motivación inspiracional**: Establecer metas claras y ambiciosas en relación con la adopción de tecnología, comunicando de forma atractiva el beneficio que supone para la organización y para los empleados.
- **Estimulación intelectual**: Invitar a los equipos a cuestionar procesos obsoletos y proponer soluciones innovadoras.
- **Consideración individualizada**: Reconocer las necesidades y capacidades diferentes de cada integrante, personalizando la formación o el acompañamiento en la transición digital.

En este sentido, Bass y Riggio (2006) también señalan que los líderes transformacionales pueden fomentar un aumento del 40% en la innovación mediante la creación de un clima que favorece la adaptación y experimentación con nuevas tecnologías. Este tipo de liderazgo no solo impulsa el avance tecnológico, sino que también promueve una cultura de aprendizaje continuo, donde la colaboración y la receptividad al cambio se convierten en pilares esenciales.

Esta mezcla de dirección y empatía crea un ambiente que favorece la adaptabilidad y la resiliencia ante los desafíos de la transformación.

5.3.2 Aprendizaje Continuo e Iteración

La adaptabilidad requiere que el liderazgo promueva un enfoque de aprendizaje continuo:

- **Planes formativos regulares**: Talleres de actualización, cursos en línea y capacitaciones internas que aborden desde herramientas digitales específicas hasta nuevas metodologías de gestión.
- **Retroalimentación ágil**: Sesiones periódicas de revisión, en las que se examinan los avances tecnológicos, se corrigen desvíos y se ajustan los objetivos.

- **Iteración constante**: La implementación de soluciones digitales suele requerir mejoras sucesivas. Adoptar un enfoque iterativo minimiza el riesgo de grandes fracasos y mantiene la motivación del equipo.

5.3.3 Casos y Ejemplos Breves

- **Caso de una empresa de retail**: Tras implementar un sistema de IA para sugerir productos a clientes en línea, el equipo de marketing detectó la necesidad de reforzar habilidades analíticas. Se organizó un plan de mentoría y certificaciones internas, acelerando la curva de aprendizaje y reduciendo la dependencia de consultores externos.
- **Empresa de servicios financieros**: Integró metodologías ágiles en la adopción de automatización de procesos, permitiendo experimentos controlados con RPA. Tras cada sprint, el equipo discutía las lecciones aprendidas, ajustaba objetivos y diseñaba prototipos más sofisticados.

En ambos escenarios, la adaptabilidad fue potenciada por un liderazgo que combinó visión, acompañamiento y foco en el desarrollo de competencias digitales.

5.4 Reflexión Personal: Una Mirada al Liderazgo Digital en la Práctica

En mis labores como Director de Proyectos y experto en tecnología y finanzas, he sido testigo de la importancia de la flexibilidad y la empatía en la adopción de innovaciones digitales. Por un lado, manejar proyectos que involucran IA y automatización demanda cierta alfabetización tecnológica para entender las oportunidades y limitaciones reales de cada herramienta. Por otro, el componente humano es determinante: he comprobado que los equipos se muestran más abiertos cuando sienten que el líder valora su aprendizaje y sus inquietudes, en lugar de imponerles herramientas sin una narrativa clara.

Alineado con el Modelo de Rogers sobre la difusión de innovaciones, la disposición del líder para escuchar y "evangelizar" la utilidad de la tecnología —con evidencias tangibles y planes formativos— impulsa la adopción. A su vez, la visión transformacional de Bass alimenta el sentido de pertenencia y la motivación intrínseca, factores clave para que la organización no pierda el rumbo en medio de cambios vertiginosos.

5.5 Reflexiones del capítulo

Las habilidades de liderazgo digital y la capacidad de adaptación se vuelven imprescindibles en un entorno empresarial caracterizado por la confluencia de IA, automatización y cambios organizacionales profundos. La competencia técnica básica, combinada con una comunicación efectiva, la empatía y un enfoque transformacional, constituye el perfil ideal para liderar equipos en la era de la Cuarta Revolución Industrial.

Una perspectiva pragmática la aporta Asatiani et al. (2023), quienes señalan que una adecuada implementación de la automatización robótica de procesos puede reducir los costos operativos hasta en un 50%. Sin embargo, la transición requiere de un liderazgo que no solo se centre en las ganancias a corto plazo, sino que también considere el impacto humano y organizacional de la tecnología, asegurando una adopción que beneficie a toda la organización.

Asimismo, los líderes que logran equilibrar las capacidades humanas y tecnológicas pueden incrementar la competitividad organizacional hasta en un 25% (Khan, 2016). Este balance es esencial para la era digital, donde la creatividad y la empatía siguen siendo insustituibles por la tecnología.

De igual modo, la integración fluida entre habilidades tecnológicas y factores humanos se convierte en el eje central para un liderazgo verdaderamente efectivo en esta época de disrupción. Sambamurthy et al. (2003) insisten en que la agilidad y la capacidad de adaptación son tan cruciales como la adopción de la tecnología misma, reforzando la idea de que un liderazgo rígido puede quedar rezagado ante las rápidas dinámicas del mercado. Finalmente, Sheninger (2019) recuerda que una adopción tecnológica sin un enfoque estratégico y ético puede resultar en iniciativas superficiales que no generen valor sostenible ni conecten con el sentido de pertenencia y propósito de los empleados.

En el próximo capítulo, ahondaremos en las estrategias y herramientas que los líderes pueden emplear para llevar a la práctica estas habilidades, asegurando que la transformación digital no solo sea un discurso, sino una realidad sustentable y exitosa en términos de crecimiento, innovación y cohesión del talento humano.

Capítulo 6. Resistencia al Cambio y Transformación Organizacional

La transformación digital no solo implica adoptar tecnologías emergentes, sino también revisar las estructuras, procesos y dinámicas de trabajo que han regido la organización. Esta reformulación conlleva cambios sustanciales que pueden suscitar resistencia en todos los niveles, desde los empleados operativos hasta la alta dirección. En este capítulo, se exploran los factores que generan resistencia al cambio, se analiza la Teoría del Cambio Organizacional de Kurt Lewin como marco de referencia y se ilustran estrategias prácticas para facilitar la transición hacia entornos digitalizados. Además, se exponen ejemplos de organizaciones que han enfrentado desafíos significativos al implementar procesos de automatización, inteligencia artificial y reestructuración cultural.

6.1 Naturaleza de la Resistencia al Cambio en la Era Digital

La implementación de la transformación digital, si bien es una necesidad empresarial urgente, presenta desafíos y resistencias que requieren un liderazgo astuto y reflexivo para su superación. Este análisis no solo explora estrategias de cambio, sino también subraya la necesidad de un enfoque crítico al evaluar tanto los beneficios como los riesgos potenciales asociados con el proceso de digitalización.

6.1.1 Concepto de Resistencia

La resistencia al cambio se manifiesta como un conjunto de actitudes o comportamientos que dificultan la adopción de nuevas tecnologías, métodos de trabajo o estructuras organizacionales. En el contexto de la transformación digital, puede presentarse de maneras muy diversas:

- **Miedo a la obsolescencia**: Empleados temen que la automatización o la IA reemplacen sus puestos, o que no tengan las competencias para adaptarse a las nuevas exigencias.
- **Desconfianza en la tecnología**: Falta de información o experiencias previas negativas generan escepticismo sobre el valor real que aportan las herramientas digitales.

- **Jnercia cultural**: Procesos arraigados y una cultura corporativa "tradicional" favorecen la continuidad de prácticas obsoletas y dificultan la implantación de metodologías ágiles.
- **Visión cortoplacista**: Directivos temen el costo y la complejidad del cambio, postergando la inversión tecnológica o relegándola a proyectos piloto sin continuidad.

6.1.2 Factores Clave que Inciden en la Resistencia

1. Falta de Comunicación
   - Cuando la dirección no explica con claridad los objetivos del cambio, sus beneficios y el impacto que tendrá en la rutina de los colaboradores, se genera incertidumbre y rumores que alimentan la resistencia.

2. Carencia de Formación
   - Si la organización no provee capacitación adecuada, el personal puede sentir que no posee las habilidades necesarias para la nueva era digital, generando ansiedad y rechazo.

3. Cambios en el Poder y Estatus
   - La digitalización puede redistribuir funciones, visibilidad o recursos dentro de la empresa, por lo que aquellos que ven amenazado su "territorio" podrían oponerse conscientemente a los proyectos de modernización.

4. Experiencias Previas
   - Iniciativas de cambio mal gestionadas en el pasado (costosos fracasos tecnológicos, introducción de sistemas poco amigables) generan escepticismo ante cualquier nueva propuesta de transformación.

6.2 Teoría del Cambio Organizacional de Kurt Lewin

La Teoría del Cambio de Kurt Lewin se basa en un proceso de tres fases — Descongelamiento, Cambio y Recongelamiento— que, pese a su carácter histórico, sigue resultando sumamente útil para entender la dinámica de la transformación digital.

El modelo de cambio de Kurt Lewin describe el cambio organizacional como un proceso de tres fases: descongelamiento, cambio y recongelamiento. En la fase de descongelamiento, la organización se prepara para el cambio, desafiando las normas existentes. La fase de cambio introduce nuevas prácticas, requiriendo liderazgo efectivo para motivar al personal. Finalmente, el recongelamiento solidifica estos cambios como la nueva norma. Sin un manejo adecuado de estas fases, las organizaciones pueden experimentar resistencias significativas.

Sin embargo, a pesar de que el modelo de Kurt Lewin ofrece una base teórica para abordar el cambio organizacional, es crucial reconocer que este modelo, aunque robusto, puede simplificar en exceso la complejidad de la transformación digital. La fase de descongelamiento, en particular, requiere más que la mera preparación para el cambio; demanda un desafío constante a las percepciones y una reevaluación continua de las estrategias a medida que emergen nuevas tecnologías.

6.2.1 Descongelamiento

Se trata de desafiar el statu quo y lograr que la organización reconozca la necesidad de un cambio. En términos de transformación digital, esto incluye:

- **Creación de conciencia**: Presentar datos y resultados que evidencien la obsolescencia de las herramientas actuales o el riesgo de perder competitividad si no se innova.
- **Identificación de patrocinadores**: Contar con líderes influyentes que defiendan el cambio y expliquen su importancia.
- **Sensibilización y empatía**: Abordar las inquietudes del personal, entendiendo miedos y explicando beneficios tangibles (oportunidades de crecimiento profesional, mejora en la calidad del trabajo).

6.2.2 Cambio

En esta fase, la organización introduce nuevos procesos, tecnologías o comportamientos. Es la etapa más compleja, pues exige un rediseño de la cultura y una prueba real de la capacidad de adaptación.

- **Implementación de soluciones digitales**: IA, RPA, plataformas colaborativas, etc.

- **Formación y acompañamiento**: Programas de reskilling y upskilling para que el talento humano se empodere y utilice las herramientas de forma efectiva.
- **Metodologías de pilotaje**: Realizar pruebas controladas (pilotos) y sprints de aprendizaje continuo que reduzcan riesgos y permitan ajustar errores en corto plazo.

6.2.3 Recongelamiento

Consiste en consolidar las nuevas prácticas para que se conviertan en la norma y se arraiguen en la cultura organizacional. Implica:

- **Refuerzo positivo**: Reconocer los logros y celebrar las ventajas conseguidas con la adopción tecnológica, reforzando la confianza de los colaboradores.
- **Ajuste de estructuras**: Actualizar manuales, protocolos y organigramas para que reflejen los nuevos modos de trabajar.
- **Monitoreo continuo**: Mantener indicadores que aseguren la permanencia de los cambios y la mejora constante, evitando la tentación de volver a las prácticas anteriores.

6.3 Estrategias para Superar la Resistencia al Cambio

Ross y Beath (2002) destacan la importancia de la gobernanza de TI, pero cabe criticar que a menudo la gobernanza se concentra demasiado en los aspectos técnicos, descuidando las necesidades humanas y culturales que son igualmente vitales para una transición exitosa. La tecnología no debe dictar la dirección; más bien, debe ser una herramienta en manos de líderes visionarios que comprendan su impacto en las personas y procesos organizacionales.

Powell et al. (2017) argumentan sobre adaptar las estrategias de implementación al contexto específico de cada organización. Esta perspectiva es valiosa, pero también emerge la crítica de que las empresas a veces adoptan tecnologías más por presión competitiva que por una evaluación genuina de necesidades. Este "salto tecnológico" puede resultar en iniciativas superficiales y no integradas profundamente en las operaciones del negocio.

6.3.1 Comunicación Efectiva y Narrativa del Proyecto

Una comunicación proactiva y transparente reduce la incertidumbre y el rumor. Algunas tácticas clave incluyen:

- **Vision Statement**: Explicar el "porqué" de la transformación, conectando los objetivos tecnológicos con la misión y la competitividad de la empresa.
- **Testimonios internos**: Líderes o equipos que han experimentado mejoras gracias a la digitalización comparten su experiencia, motivando a otros a sumarse.
- **Canales de retroalimentación**: Encuestas, foros virtuales o sesiones de Q&A que permitan aclarar dudas y escuchar inquietudes en tiempo real.

6.3.2 Formación y Acompañamiento

La capacitación continua disipa el miedo a la obsolescencia y refuerza la sensación de control sobre el cambio:

- **Planes de reskilling**: Enfocados en competencias digitales (analítica de datos, ciberseguridad, metodologías ágiles).
- **Mentoría cruzada**: Empleados con habilidades tecnológicas apoyan a quienes requieren un acompañamiento más cercano.
- **Learning by Doing**: Aprendizaje práctico a través de proyectos concretos y talleres colaborativos que aceleren la adopción real de las herramientas.

6.3.3 Participación y Cocreación

Cuando los colaboradores se sienten parte activa del cambio, disminuye la resistencia. El liderazgo puede:

- **Formar grupos de innovación**: Reunir a personas de diferentes departamentos para aportar ideas y diseñar prototipos de mejora.
- **Gamificación del proceso**: Implementar dinámicas lúdicas que premien los logros y el aprendizaje en el proceso de transformación digital.
- **Descentralizar decisiones**: Dar mayor autonomía a equipos autogestionados que pueden adaptar la tecnología a sus necesidades y realidades.

6.3.4 Liderazgo Transformacional y Apoyo Emocional

La consideración individualizada y la motivación inspiradora, planteadas por Bass (1985), son esenciales para acompañar emocionalmente a la gente. El líder transformacional:

- **Escucha activamente** las preocupaciones y se muestra receptivo, transmitiendo confianza y clarificando expectativas.
- **Refuerza la autoestima** del equipo resaltando la oportunidad de crecimiento en vez del temor a la sustitución.
- **Empodera** a los empleados para que descubran nuevas habilidades, celebren avances e integren la transformación a su desarrollo profesional.

Schwartz y McCarthy (2007) y Kane et al. (2015) subrayan la necesidad de competencia digital en el liderazgo y la importancia de abordar las preocupaciones del personal sobre la seguridad del empleo. Sin embargo, los líderes deben ir más allá de la mera capacitación y aseguramiento, involucrando activamente al personal en el diseño y ejecución de la transformación digital. Este enfoque colaborativo puede reducir la resistencia al facilitar un sentido de propiedad y control sobre el proceso de cambio.

6.4 Ejemplos de Organizaciones que han Enfrentado Retos en la Transición Digital

Los casos de éxito como Ford y General Electric son instructivos, pero también es esencial reconocer que lo que funciona para una corporación global puede no ser aplicable en una empresa más pequeña o en un sector diferente. El éxito en la transformación digital no es simplemente una cuestión de seguir ejemplos, sino de adaptar inteligentemente las lecciones aprendidas a las realidades únicas de cada organización.

6.4.1 Empresa de Manufactura con Sistemas Obsoletos

Una organización tradicional en el sector industrial descubrió que sus sistemas de control y registro de producción ya no respondían a la demanda global. Ante la propuesta de migrar a una plataforma IoT con paneles de control en tiempo real, surgió una resistencia significativa por parte de técnicos veteranos que temían quedar rezagados.

- Estrategia:
    - Se diseñó un plan de formación gradual para el personal con menor familiaridad digital.
    - Se crearon comités mixtos (técnicos senior y jóvenes profesionales) para implementar los sensores y validar los resultados.
    - La dirección fomentó la colaboración invitando a los más experimentados a transmitir conocimientos de procesos a los recién llegados.
- Resultado:
    - En unos meses, la resistencia disminuyó, pues los trabajadores comprobaron que el nuevo sistema no solo aumentaba la eficiencia, sino que también mejoraba la precisión en la programación de mantenimiento y la supervisión de la calidad.

6.4.2 Corporación de Servicios Financieros y la Migración a IA

Una compañía de servicios financieros decidió incorporar modelos de IA para el análisis de riesgos crediticios y la detección de fraudes. Sin embargo, algunos analistas y directivos cuestionaban la fiabilidad de los algoritmos, argumentando que las decisiones financieras requerían un juicio humano con mucha experiencia.

- Estrategia:
    - Se integraron modelos de IA de forma gradual, primero como herramientas de recomendación que apoyaban al analista sin reemplazarlo.
    - Se transparentó el funcionamiento básico de los algoritmos, mostrando ejemplos de predicciones acertadas y falsos positivos/falsos negativos.
    - Se aplicó la Teoría de Lewin: descongelar miedos mediante charlas y talleres, cambiar prácticas de evaluación de créditos con acompañamiento continuo y recongelar estableciendo un protocolo de revisión humana final.

- Resultado:
    - La adopción progresiva y la combinación de la expertise humana con la precisión del algoritmo elevaron la rapidez de respuesta a clientes y redujeron los niveles de fraude en un 20%.
    - El personal sintió que su criterio seguía siendo valorado, minimizando la percepción de "deshumanización" en las decisiones financieras.

6.5 Reflexión Personal: El Cambio como Constante

En mi experiencia como Director de Proyectos especializado en tecnología y finanzas, he constatado que la resistencia al cambio aparece incluso en organizaciones que se proclaman "innovadoras". La clave radica en comunicar, acompañar y democratizar el proceso de transformación. Cuando la gente entiende por qué se introducen nuevas herramientas —y cómo ello contribuye a su desarrollo profesional—, la reacción suele pasar de la oposición al entusiasmo cauteloso, y de allí a la integración plena.

He visto equipos transformarse por completo cuando el líder transmite confianza en la formación de sus colaboradores y da espacio para que cada uno asuma un rol protagónico en la digitalización. Al final, cualquier resistencia se disipa cuando la cultura se alinea con la visión de un futuro más competitivo, pero también más humano y colaborativo.

6.6 Reflexiones del capítulo

La resistencia al cambio es un fenómeno natural en todo proceso de transformación, y la transformación digital no es la excepción. A través del Modelo de Lewin se evidencia la importancia de sensibilizar (descongelar), implementar con acompañamiento y formación (cambio) y consolidar los nuevos hábitos (recongelar) para que la organización asuma una cultura abierta a la innovación. Mientras que la transformación digital es imprescindible para la competitividad empresarial, su implementación exitosa requiere un equilibrio delicado y reflexivo entre tecnología y humanidad. Un liderazgo que valore tanto la innovación tecnológica como la integridad cultural y humana es esencial para transformar los desafíos en oportunidades y guiar a las organizaciones hacia un futuro digital sostenible.

En el próximo capítulo, profundizaremos en cómo personas y tecnología pueden integrarse de manera sinérgica, explorando el concepto de "liderazgo híbrido" y la relevancia de equilibrar las competencias técnicas con la inteligencia emocional, la ética y la visión a largo plazo. A medida que la transformación digital avanza, el componente humano se vuelve esencial para garantizar que las soluciones implementadas generen valor sostenible y promuevan una cultura de colaboración constante.

Capítulo 7. Integrando Personas y Tecnología: El Liderazgo Híbrido

La transformación digital no se limita a la introducción de herramientas tecnológicas; exige una reconcepción integral de la forma en que se interactúa con la tecnología y, sobre todo, del papel que juegan las personas en entornos automatizados o potenciados por inteligencia artificial (IA). El liderazgo híbrido surge precisamente como la respuesta a este reto: liderar conjugando competencias humanas —empatía, creatividad, comunicación— con habilidades técnicas y cognitivas propias de la era digital. En este capítulo se explora cómo integrar personas y tecnología de manera armónica, abordando los beneficios y las tensiones que se generan al unir esos dos mundos en la cultura organizacional.

7.1 El Concepto de Liderazgo Híbrido

El liderazgo híbrido implica combinar eficazmente atributos humanos con capacidades tecnológicas para orquestar la dinámica de un equipo y/o una organización en un entorno digital. Aunque en los capítulos anteriores se enfatizó la importancia de la inteligencia emocional, la gestión del cambio y las competencias digitales, en esta ocasión se profundiza en cómo esta unión trasciende la suma de dichas competencias:

1. **Sinergia humano-tecnológica**: No se trata de que la tecnología reemplace el criterio humano ni de que las personas ignoren las ventajas de la automatización. El líder híbrido articula ambos elementos para maximizar la productividad y el bienestar organizacional.
2. **Cocreación y experimentación**: El liderazgo híbrido estimula la apertura a la experimentación con herramientas digitales y procesos nuevos, a la vez que protege el espacio para la reflexión, el aprendizaje colectivo y la innovación continua.
3. **Visión estratégica y sensibilidad cultural**: El líder comprende el impacto cultural y psicológico que tienen la IA y la automatización, y maneja de forma proactiva las resistencias y expectativas de los equipos.

En esencia, el liderazgo híbrido parte de un entendimiento profundo de las fortalezas humanas (intuición, creatividad, empatía) y de los beneficios tecnológicos (eficiencia, precisión, manejo de datos masivos).

7.2 Personas y Tecnología: Nuevas Formas de Trabajo

7.2.1 Hacia Equipos Colaborativos Híbridos

La creciente automatización de tareas impulsa la creación de equipos mixtos integrados por personas y sistemas de IA o robots colaborativos (cobots). En este contexto:

- Tareas repetitivas y de alta precisión se delegan a la tecnología.
- **Tareas de análisis, supervisión y decisión** (sobre todo las que requieren sensibilidad humana) quedan en manos de profesionales capacitados.
- **La coordinación** se convierte en un factor clave: la asignación dinámica de actividades, la gestión de datos compartidos y la capacidad de reaccionar con velocidad a las contingencias exigen líderes que manejen la logística, la comunicación y la motivación simultáneamente.

7.2.2 Redefinición de Roles y Competencias

La introducción de IA y automatización difumina los límites tradicionales de los puestos de trabajo. Algunos roles se vuelven obsoletos, mientras que otros se transforman o surgen nuevos:

- **Especialistas en sistemas híbridos**: Personas que dominan tanto la parte humana (comunicación, formación) como la técnica (parametrización y mejora continua de algoritmos).
- **Facilitadores de aprendizaje**: Responsables de diseñar planes de reskilling y upskilling, alineados con la evolución tecnológica de la organización.
- **Analistas de datos con perspectiva humana**: Combinar la analítica avanzada con la lectura contextual de la información, evitando la sobredependencia en algoritmos y complementando los resultados con criterios culturales o situacionales.

Este nuevo panorama desdibuja las jerarquías rígidas y favorece un modelo multidisciplinario donde la adaptabilidad prime sobre la especialización estrecha.

7.3 Competencias Humanas Imprescindibles en el Liderazgo Híbrido

7.3.1 Inteligencia Emocional y Empatía

Cuando se automatizan procesos y se introducen sistemas de IA, es común que haya incertidumbre respecto al futuro de los puestos de trabajo y las responsabilidades. Por ello, el liderazgo híbrido implica un alto grado de empatía para:

- **Escuchar activamente** las inquietudes de los colaboradores.
- **Diseñar intervenciones de acompañamiento** que refuercen la seguridad psicológica en los equipos.
- **Valorar la contribución humana** en procesos que, aparentemente, podrían digitalizarse por completo.

En consonancia con la visión de Bass (1985), el líder transforma el temor al cambio en oportunidad de crecimiento y aprendizaje, promoviendo una cultura de innovación con sentido humano.

7.3.2 Pensamiento Crítico y Ético

La tecnología provee herramientas poderosas, pero un líder híbrido debe saber cuestionar los resultados de la IA, identificar sesgos potenciales en los algoritmos y considerar las implicaciones éticas de sus decisiones. Ejemplos:

- **Evaluar la equidad** en las decisiones automatizadas (contrataciones, créditos, diagnósticos) para evitar la discriminación implícita por datos sesgados.
- **Proteger la privacidad** de clientes y empleados, garantizando una recolección y uso responsable de la información, alineado con normas y valores corporativos.
- **Adoptar un enfoque de sostenibilidad**: desde la selección de tecnologías menos contaminantes hasta la observación de la huella de carbono en la infraestructura digital.

Este enfoque ético refuerza la **confianza** de la organización y del entorno en la gestión híbrida, evidenciando coherencia entre lo que se hace y los principios que se proclaman.

7.3.3 Adaptabilidad y Aprendizaje Continuo

En entornos donde la tecnología cambia con rapidez, el líder híbrido debe demostrar capacidad de adaptación y fomentar esa misma habilidad en su equipo:

- **Planes formativos flexibles**: Incorporar metodologías ágiles para capacitar al personal en nuevas herramientas sin interrumpir las operaciones de forma brusca.
- **Iteraciones y retrospecciones**: Al adoptar soluciones digitales, establecer un ciclo de pruebas y ajustes que permita la mejora continua y la retroalimentación abierta.
- **Actualización constante**: Mantenerse al día con tendencias de IA, robótica y soluciones emergentes para anticiparse a posibles disrupciones o oportunidades en el mercado.

7.4 Estrategias para la Integración Óptima de Personas y Tecnología

7.4.1 Cultura de Colaboración y Cocreación

El trabajo conjunto entre equipos humanos y sistemas inteligentes florece en un ambiente donde se favorezca la colaboración. Para lograrlo:

- **Formar comités mixtos** que involucren perfiles técnicos, expertos en negocio y colaboradores de distintas áreas, co-creando soluciones digitales que respondan a necesidades concretas.
- **Promover la participación temprana** en la selección o diseño de tecnologías. Cuanto antes los usuarios finales vean y prueben una herramienta, más feedback se genera y más rápido se eliminan resistencias.

7.4.2 Design Thinking y Experiencias Piloto

La adopción de un enfoque de design thinking se traduce en una visión centrada en las personas, aun cuando el objetivo sea incrementar la automatización:

- **Comprender las necesidades reales** de los usuarios internos o clientes finales antes de programar un sistema o desplegar un robot colaborativo.
- **Validar prototipos en etapas tempranas** (proyectos piloto) minimizando la resistencia y la inversión de tiempo y recursos.

- **Retroalimentación iterativa**: se detectan rápidamente los puntos de dolor, ajustando la implementación.

7.4.3 Gestión del Cambio y Patrocinio Directivo

Aunque el liderazgo híbrido enfatiza el rol de la persona que articula la tecnología y la cultura, la alta dirección debe respaldar con:

- **Presupuesto suficiente** para invertir en infraestructura, licencias de software, capacitación y contratación de expertos.
- **Apoyo narrativo**: Discursos y comunicados que legitimen la importancia de la innovación, reduciendo la brecha entre la cúpula y los equipos operativos.
- **Reconocimiento al aprendizaje**: Recompensar a colaboradores y líderes intermedios que demuestren iniciativa y competencia en la integración de tecnología y trabajo humano.

7.5 Retos y Tensiones en el Liderazgo Híbrido

Aun con una buena estrategia, surgen tensiones propias de la hibridación entre personas y tecnología:

1. **Potencial desplazamiento de empleos**: El temor de perder puestos acelera o agrava la resistencia. El líder híbrido debe comunicar con claridad cómo la reorientación o especialización del personal es parte integral de la hoja de ruta.
2. **Sesgos en los algoritmos**: La falta de diversidad en los datos o el entrenamiento de los modelos puede producir decisiones injustas. El líder requiere supervisión y mecanismos de corrección.
3. **Sobrecarga de información**: Sistemas de IA y automatización pueden generar grandes volúmenes de datos. Falta de priorización y análisis puede desembocar en parálisis de la decisión (paralysis by analysis).
4. **Falta de cohesión cultural**: Equipos remotos o dispersos geográficamente, con variadas competencias digitales, pueden padecer desconexión y pérdida de identidad compartida.

El liderazgo híbrido no solo detecta estos riesgos, sino que diseña estrategias para anticiparlos o atenuarlos, asegurándose de que el proyecto de transformación fluya con un propósito claramente comunicado y una gestión del talento que potencie las cualidades humanas.

7.6 Reflexiones del capítulo

La adopción de un liderazgo híbrido revela que el verdadero valor en la transformación digital no radica únicamente en automatizar procesos o implementar sistemas de inteligencia artificial, sino en cómo se conjugan las fortalezas del factor humano con las ventajas de la tecnología. El líder que logra esta integración entiende que la creatividad y la empatía siguen siendo irreemplazables, incluso cuando los algoritmos brindan información precisa o ejecutan tareas repetitivas con eficiencia.

En lugar de ver a las personas y a las máquinas como polos opuestos, el liderazgo híbrido busca cultivar una relación de sinergia: la tecnología refuerza la productividad y amplifica la capacidad de análisis, mientras que los equipos humanos aportan el criterio ético, la capacidad de adaptación y la inteligencia emocional necesarias para navegar entornos inciertos y cambiantes. Bajo esta perspectiva, la automatización no debe ser temida como una amenaza, sino abrazada como una oportunidad de liberar el potencial creativo y estratégico del talento humano.

En el siguiente capítulo se expondrán estrategias y herramientas concretas para la transformación digital, mostrando cómo los líderes pueden estructurar planes de acción que materialicen esta colaboración humana-tecnológica de manera exitosa y sostenible, asegurando la competitividad de la empresa y, a la vez, el crecimiento integral de sus colaboradores.

Capítulo 8. Estrategias y Herramientas para la Transformación Digital

La transformación digital trasciende la mera adopción de tecnología. Implica estructurar un plan coherente —respaldado por metodologías, herramientas y métricas claras— que permita a las organizaciones planificar, ejecutar y evaluar sus iniciativas de forma consistente y alineada con sus objetivos de negocio. En este capítulo se presentan estrategias y herramientas clave para guiar la transformación digital, desde la fase de diseño hasta la de seguimiento de resultados, abarcando la selección de tecnologías, la gobernanza de la innovación y la medición de impactos financieros y culturales.

8.1 Roadmap para la Adopción Tecnológica

La creación de un roadmap (o hoja de ruta) es esencial para estructurar las distintas iniciativas tecnológicas de la organización. Un roadmap eficaz incluye:

1. **Definición de objetivos**

   o Clarificar las metas de la transformación: ¿Se busca aumentar la eficiencia operativa? ¿Optimizar la experiencia del cliente? ¿Explorar nuevos modelos de negocio digitales?

   o Conectar la visión tecnológica con la estrategia corporativa de largo plazo.

2. **Priorización de proyectos**

   o Analizar la **viabilidad** (técnica, económica, cultural) de cada proyecto y el **valor** que aporta.

   o Escalonar las iniciativas por fases, iniciando con aquellas que generan "quick wins" y establecen confianza en la transición.

3. **Identificación de recursos y competencias**

   o Determinar las **habilidades internas** que se requieren (analítica de datos, ciberseguridad, metodologías ágiles) y las **capacidades externas** que podrían complementarlas (consultoras, proveedores, alianzas estratégicas).

o Establecer un **presupuesto estimado** y un plan de financiación (recursos propios, créditos, capital de riesgo, etc.).

4. **Cronograma y líneas de responsabilidad**

   o Delimitar hitos y plazos, asignando líderes o equipos responsables para cada proyecto.

   o Asegurar que existan mecanismos de seguimiento y de revisión periódica para adaptar el roadmap si surgen cambios en el entorno.

Este plan permite a la organización coordinar esfuerzos, evitar superposiciones y gestionar los recursos de forma óptima. Además, sirve como **comunicación interna** para que todos los colaboradores comprendan el "gran mapa" de la transformación.

8.2 Integración de Nuevas Tecnologías en las Operaciones Diarias

Incluso con un buen roadmap, la integración efectiva de soluciones digitales en los procesos habituales puede presentar desafíos. Para superar la fricción entre las viejas rutinas y las nuevas herramientas, se aconseja:

8.2.1 Evaluación y Rediseño de Procesos

- **Identificar cuellos de botella** y áreas con tareas duplicadas o manuales que sean susceptibles de automatización.

- **Involucrar a los equipos** que ejecutan esos procesos, recabando su opinión sobre puntos de mejora y la viabilidad real de las propuestas de digitalización.

- **Simplificar antes de automatizar**: Revisar si el proceso puede optimizarse o eliminarse parcialmente antes de implementar un sistema costoso.

8.2.2 Gestión del Cambio y Capacitación Focalizada

- **Formar "agentes de cambio"** en cada unidad, responsables de impulsar y acompañar la adopción de las herramientas digitales dentro de sus respectivos equipos.

- **Diseñar capacitaciones** orientadas a las necesidades operativas específicas: no basta con enseñar la teoría, es esencial mostrar cómo la tecnología agiliza o mejora el trabajo cotidiano.

- **Ofrecer soporte continuo** (help desk, foros internos, manuales en línea) para resolver dudas y alentar la utilización de las nuevas soluciones.

8.2.3 Adopción Progresiva y Pilotos

- **Probar en áreas o equipos piloto** antes de un lanzamiento masivo de la solución, validando la usabilidad y la aceptación por parte del personal.

- **Recoger retroalimentación** y mejorar la herramienta o el método de implementación antes de escalar.

- **Celebrar los logros** tempranos, difundiendo resultados positivos para estimular al resto de la organización a subirse al cambio.

8.3 Herramientas de Gobernanza y Gestión de la Innovación

La digitalización requiere una gobernanza sólida que asegure la alineación con la estrategia, la transparencia en la asignación de recursos y la mitigación de riesgos. Algunas herramientas y prácticas relevantes incluyen:

8.3.1 Comités de Innovación y Oficinas de Transformación Digital

- **Comités de Innovación**: Reúnen a líderes de distintas áreas, incluyendo finanzas, tecnología, RR.HH. y unidades de negocio, para priorizar iniciativas y supervisar avances.

- **Oficina de Transformación Digital (DTO)**: Funciona como un ente facilitador, con mandatos claros de impulsar proyectos de digitalización, acompañar a los equipos en la adopción y evaluar el retorno de la inversión (ROI).

8.3.2 Modelos de Gobierno de TI y Metodologías Ágiles

- **Marco de Gobierno de TI (COBIT, ITIL)**: Ofrece lineamientos para el control y la optimización de servicios y procesos de tecnología, garantizando la calidad y la seguridad en la entrega de valor.

- **Metodologías Ágiles (Scrum, Kanban)**: Permiten iterar rápidamente, lanzar versiones tempranas de productos o procesos digitalizados y ajustar el proyecto con base en la retroalimentación real de los usuarios.

8.3.3 Gestión de Riesgos y Ciberseguridad

- **Análisis de riesgos digital**: Identificar amenazas de ciberseguridad, problemas de cumplimiento normativo y vulnerabilidades operativas asociadas a la digitalización.

- **Políticas y protocolos** de seguridad de la información: Definir medidas concretas (encriptación, autenticación multifactor, planes de contingencia) que protejan datos e infraestructuras críticas.

- **Awareness**: Realizar campañas de sensibilización para que todos los colaboradores conozcan sus responsabilidades en materia de seguridad y confidencialidad.

8.4 Métricas e Indicadores de Éxito

Para que la transformación digital sea sostenible, es vital medir el impacto y el avance de cada iniciativa. Estas métricas pueden incluir:

8.4.1 Indicadores de Proceso

- **Tasa de adopción** de la nueva tecnología (porcentaje de empleados que la usan regularmente).

- **Tiempo medio de respuesta** en servicios digitales, comparado con la situación previa.

- **Reducción de errores** en procesos automatizados.

8.4.2 Indicadores Financieros y de Retorno de la Inversión (ROI)

- **ROI de proyectos** (relación beneficio/coste, payback period, TIR).

- **Incremento en ventas o ingresos** atribuible a la analítica avanzada o a nuevas plataformas de comercio electrónico.

- **Ahorros operativos** por la automatización de tareas repetitivas.

8.4.3 Indicadores Culturales y de Clima Organizacional

- **Índices de satisfacción del colaborador** (encuestas, entrevistas) para medir la percepción de la digitalización y la satisfacción con la capacitación recibida.

- **Nivel de compromiso** con la innovación (cantidad de ideas propuestas, participación en proyectos piloto).

- **Baja de resistencias**: Por ejemplo, disminución de quejas formales o un incremento en la asistencia a sesiones de formación.

Una vez obtenidos estos datos, los líderes pueden reajustar el roadmap, identificar obstáculos y celebrar logros, incrementando la credibilidad de la transformación.

8.5 Reflexiones del capítulo

Las estrategias y herramientas presentadas en este capítulo dibujan un marco práctico para abordar la transformación digital de manera planificada y estructurada. Desde la elaboración de un roadmap claro y factible hasta la implementación de políticas de gobernanza y la medición del impacto real de las iniciativas, cada paso contribuye a que la digitalización se convierta en un proyecto sostenible y alineado con los objetivos de la organización.

La clave radica en combinar la agilidad de las metodologías de innovación con la rigurosidad del seguimiento de resultados. Así, la tecnología pasa de ser una promesa abstracta a un motor tangible de crecimiento y de mejora en la experiencia de colaboradores y clientes. Sin embargo, es importante recordar que la digitalización no ocurre en el vacío: su éxito depende de la cultura, el liderazgo y la confianza de quienes participan en ella.

En el siguiente capítulo, se analizarán casos de estudio y lecciones aprendidas de organizaciones que han transitado con éxito —o con tropiezos— el camino de la transformación digital, ofreciendo ejemplos concretos que complementen y enriquezcan las estrategias señaladas aquí. De esta forma, se reforzará la visión de que la adopción de tecnologías emergentes es un viaje continuo, en el que las decisiones informadas y la integración de todo el talento humano son los pilares fundamentales para lograr una transformación real y duradera.

Capítulo 9. Casos de Estudio y Lecciones Aprendidas

La transformación digital se manifiesta de manera distinta en cada organización, dependiendo de factores como la cultura, la estrategia de negocio y las características del sector. Sin embargo, los procesos de adopción tecnológica suelen converger en desafíos y aprendizajes comunes, que pueden servir de referencia para líderes que buscan implementar cambios similares. En este capítulo, se exponen casos de estudio —algunos basados en ejemplos reales y otros hipotéticos pero representativos— para ilustrar cómo las organizaciones han afrontado la digitalización, cuál ha sido el rol del liderazgo y qué lecciones relevantes pueden extraerse.

9.1 Caso de Estudio 1: Industria Automotriz y la Transformación de la Cadena de Suministro

9.1.1 Antecedentes y Motivaciones

Una empresa multinacional de la industria automotriz, con plantas de producción distribuidas en varios continentes, identificó la necesidad de integrar sus procesos de manufactura, logística y ventas en una plataforma digital común. El objetivo era reducir costos operativos, mejorar la previsión de la demanda e incrementar la satisfacción del cliente final.

- **Problemas detectados**:
    - Falta de visibilidad en tiempo real de la cadena de suministro.
    - Procesos manuales en la gestión de inventarios, generando errores y retrasos.
    - Comunicación deficiente entre áreas de manufactura, logística y ventas.

9.1.2 Estrategia de Transformación

La compañía diseñó un roadmap de tres fases, alineado con la visión corporativa de modernizar la cadena de valor:

1. **Fase I: Digitalización de Procesos Internos**

   o Implantación de un sistema ERP avanzado que centralizó información de producción, inventarios y ventas.

   o Capacitación intensiva de mandos medios y operarios para manejar las nuevas interfaces y procedimientos.

2. **Fase II: Automatización y Análisis Predictivo**

   o Adopción de **tecnologías IoT** en la planta de manufactura, instalando sensores en líneas de ensamblaje para monitorear rendimiento y detectar fallos.

   o Uso de **IA** para prever la demanda y optimizar el inventario, reduciendo costos de almacenamiento y tiempos de entrega.

3. **Fase III: Integración con la Experiencia del Cliente**

   o Desarrollo de una **plataforma digital** donde los clientes podían personalizar el vehículo, conocer el estado de la producción en tiempo real y solicitar servicios postventa.

   o Vinculación de la plataforma con el ERP y los sistemas de análisis predictivo, permitiendo que la información fluya hacia y desde la fábrica sin interrupciones.

9.1.3 Liderazgo y Gestión del Cambio

La oficina de transformación digital (DTO) actuó como catalizador, alineando a directivos de logística, producción y TI. Además, el liderazgo enfatizó la cultura de colaboración y la necesidad de compartir información entre departamentos, brindando incentivos a aquellos equipos que superaban metas de adopción tecnológica.

- **Modelo de Lewin aplicado:**

   o **Descongelamiento**: Sesiones informativas sobre la urgencia de ser competitivos, mostrando casos de la industria y proyecciones de mercado.

o **Cambio**: Implementación gradual en cada planta, con equipos piloto que difundían sus éxitos y resultados al resto.

o **Recongelamiento**: Ajustes en los manuales de operación, evaluación de desempeño vinculada a la adopción digital y un sistema de reconocimiento interno a los "campeones de innovación".

9.1.4 Resultados y Lecciones Aprendidas

- **Reducción del 15%** en costos de logística, al sincronizar la producción con la demanda real.

- **Disminución de un 20%** en tiempos de entrega, gracias al análisis predictivo que evitaba cuellos de botella.

- **Mejora en la satisfacción del cliente**, valorando la transparencia en la fabricación y la opción de personalizar su vehículo.

Lecciones clave:

- La **integración de sistemas** requiere un fuerte compromiso directivo y la adaptación cultural de todas las áreas involucradas.

- La **visibilidad en tiempo real** (IoT + analítica) multiplica la eficiencia operativa, pero exige un liderazgo que promueva la capacitación y la colaboración transversal.

- Incluir al **cliente** en el proceso digital agrega valor y fideliza, cimentando la diferenciación frente a competidores.

9.2 Caso de Estudio 2: Bancaria y la Automatización de Procesos

9.2.1 Contexto y Objetivos

Una entidad bancaria de tamaño mediano, con operaciones nacionales, reconoció la urgencia de modernizar sus sistemas de atención al cliente y automatizar procesos de back-office. La competencia de fintechs y las expectativas crecientes de los usuarios en servicios digitales impulsaron la adopción de tecnologías de automatización robótica de procesos (RPA) y de inteligencia artificial para la atención al cliente.

- **Desafíos**:

    o   Elevados costos operativos en trámites manuales (apertura de cuentas, revisión de documentación).

    o   Clientes insatisfechos por la lentitud en la tramitación de créditos y consultas.

    o   Talento con bajas competencias digitales, temeroso de quedar rezagado.

9.2.2 Proceso de Digitalización

1. **Diagnóstico Interno**

    o   Auditoría de procesos clave, identificando oportunidades de automatización (verificación de datos, consolidación de información financiera).

    o   Encuestas al personal sobre habilidades digitales y disposición al cambio.

2. **Implementación de RPA**

    o   Bots que gestionaban tareas repetitivas en sistemas legacy, como la revisión de formularios y la integración de datos en diferentes plataformas.

    o   Reducción del 30% del tiempo de respuesta en ciertas operaciones de back-office.

3. **Atención al Cliente a través de IA Conversacional**

    o   Chatbots y voz virtual para resolver consultas frecuentes, liberando a los agentes humanos para casos complejos o venta cruzada.

    o   Integración de plataformas de mensajería para llegar a audiencias más jóvenes.

9.2.3 Gestión del Talento y Formación

La resistencia al cambio se mitigó con un **programa de formación interna** en módulos cortos:

- **Fundamentos de automatización**: Mostrando que los bots alivian la carga rutinaria, abriendo espacio para tareas de mayor valor.

- **Alfabetización de datos**: Análisis de informes sobre la actividad de los bots y propuestas de mejora.

- **Upskilling**: Algunos puestos administrativos pasaron a ser "especialistas en automatización", capacitados para configurar y monitorear los bots.

9.2.4 Principales Logros y Aprendizajes

- **Incremento del 25%** en la satisfacción del cliente, evaluada mediante encuestas post-servicio.

- **Focalización del talento humano** en asesorías financieras de mayor complejidad, en lugar de tareas repetitivas.

- **Cambios culturales** que revaloraron la formación continua y la percepción de la tecnología como aliada.

Lecciones clave:

- La **automatización de procesos** libera recursos para labores de mayor complejidad e impacto comercial.

- Un **plan de upskilling** efectivo reduce el temor a la obsolescencia y conecta la visión estratégica con el desarrollo profesional de los colaboradores.

- Los **chatbots** y canales virtuales mejoran la satisfacción del cliente, pero requieren un monitoreo constante de la calidad de la interacción y correcciones de posibles sesgos en IA.

9.3 Caso de Estudio 3: La Reconversión Cultural de una Empresa Editorial

9.3.1 Antecedentes

Una editorial con varias décadas en el mercado, reconocida por su catálogo impreso y su red de librerías físicas, enfrentó la disrupción de la venta de libros en línea y el auge de los e-books. Sus directivos decidieron **redefinir el modelo de negocio**, explorando plataformas digitales y reconfigurando la cadena de valor.

* **Problema central**:

  o Caída de ventas impresas, especialmente en mercados internacionales.

  o Estructura departamentalizada, con resistencia de editores y personal veterano a la digitalización.

9.3.2 Estrategia de Transformación

La editorial adoptó un **enfoque de design thinking** para reimaginar su propuesta de valor:

1. **Investigación con lectores**

   o Encuestas y focus groups en mercados extranjeros, identificando el creciente gusto por e-books y plataformas de venta online.

   o Reconocimiento de segmentos que valoran el libro físico de alta calidad o con contenido especial.

2. **Desarrollo de una Plataforma de E-commerce**

   o Portal web para adquirir títulos en formato físico y digital, con herramientas de reseña y social sharing.

   o Integración con sistemas de logística para envíos rápidos y seguimiento en tiempo real.

3. **Alianzas con Plataformas de Distribución Digital**

   o Inclusión del catálogo en portales globales.

   o Categorización y metadatos optimizados para mejorar el posicionamiento en búsquedas online.

9.3.3 Replanteamiento Cultural y Estructural

Para derribar la resistencia interna, se promovió:

* **Formación en marketing digital** y analítica de datos para editores y responsables de área comercial.

- **Equipos cross-funcionales** que unieron editores, diseñadores y expertos en TI, lanzando colecciones con base en datos de ventas en tiempo real.

- **Cambios en indicadores de desempeño**: Se dejó de medir solo la tirada de libros físicos, valorando también la adopción de nuevos formatos y la colaboración en plataformas digitales.

9.3.4 Resultados y Principales Lecciones

- **Aumento del 40%** en las ventas en línea en dos años, compensando la caída en librerías físicas.

- **Mayor dinamismo** editorial: lanzamientos en formato digital con costos menores y tiempos de respuesta más rápidos.

- **Revalorización de la experiencia impresa**: colecciones especiales y vinculadas a aplicaciones interactivas que incrementaron el margen de ganancia y la fidelización.

Lecciones clave:

- La **cultura** es determinante para que la transformación digital revitalice industrias tradicionales.

- El **design thinking** ayuda a centrar la innovación en las necesidades reales del cliente.

- Cambiar los **indicadores de desempeño** y reforzar la capacitación interna favorece que los colaboradores perciban la digitalización como una oportunidad.

9.4 Caso de Estudio 4: Lecciones desde Ford y General Electric

9.4.1 Antecedentes

Ford y General Electric se han destacado como corporaciones globales que han implementado transformaciones digitales exitosas en sus respectivas industrias. Estos ejemplos son instructivos, aunque no siempre replicables en empresas más pequeñas o en sectores totalmente diferentes. Aun así, sus historias permiten extraer aprendizajes valiosos sobre la importancia de la adaptación organizacional y la alineación entre tecnología y estrategia corporativa.

- **Ford**: Reconocida por integrar soluciones de automatización y tecnologías conectadas en sus procesos de fabricación, así como por reconfigurar la experiencia del cliente a través de plataformas digitales.

- **General Electric**: Destacó en la adopción temprana de la IoT industrial y de analítica predictiva (con iniciativas como GE Digital), impulsando la eficiencia en manufactura, servicios y mantenimiento.

9.4.2 Factores Críticos de Éxito

Los casos de Ford y General Electric evidencian varios elementos en común:

1. **Visión Transformadora desde la Alta Dirección**

   o El liderazgo definió con claridad la dirección digital y comprometió recursos para la formación, la infraestructura y el rediseño de procesos.

2. **Alineación con los Objetivos Organizacionales**

   o La tecnología se integró de manera que reforzara la eficiencia y la competitividad, evitando la adopción superficial de soluciones solo por "seguir la tendencia".

   o Las inversiones se enfocaron en proyectos con retorno tangible y en aquellos que fortalecían la cultura de innovación.

3. **Enfoque en la Cultura y la Gente**

   o Reconociendo la resistencia al cambio, se promovieron programas de upskilling y reskilling.

   o Se generaron espacios de cocreación y colaboración para fomentar el sentido de pertenencia y la "propiedad" del cambio entre los colaboradores.

9.4.3 Críticas y Limitaciones

A pesar de su relevancia, no debe asumirse que imitar el modelo de Ford o GE garantice el éxito. Como señalan algunos analistas:

- **Tamaño y Recursos**: Lo que funciona en una corporación global con amplia capacidad de inversión puede no escalar de la misma forma en una pequeña o mediana empresa.

- **Diferencias Culturales y de Mercado**: Cada sector y región presenta dinámicas únicas que pueden exigir enfoques distintos de transformación digital.

- **Evolución Constante**: Tanto Ford como GE han atravesado procesos de evolución continua, a veces con retrocesos y ajustes significativos en el camino.

No obstante, estos casos subrayan la relevancia de un liderazgo visionario, de estrategias bien contextualizadas y de una valoración equilibrada de la tecnología y el factor humano.

9.5 Reflexiones del capítulo

Los casos de estudio aquí presentados —desde la manufactura automotriz hasta la banca, pasando por el sector editorial—, junto a los ejemplos icónicos de Ford y General Electric, muestran la diversidad de enfoques que coexisten bajo el paraguas de la transformación digital. Aunque cada organización lidia con retos particulares, existen denominadores comunes:

- **El liderazgo** es un factor determinante: comunica la visión, gestiona la resistencia y promueve la cultura de innovación.

- **La gradualidad** en la adopción tecnológica y la medición constante de resultados garantizan la consistencia y la credibilidad del cambio.

- **La formación y el rediseño de indicadores** generan compromiso y sentido de apropiación en el personal.

- **La tecnología debe alinearse con objetivos concretos** de negocio, evitando "saltos tecnológicos" superficiales que no agreguen valor real.

Estas historias de éxito (y a veces de tropiezos) confirman que la transformación digital no es un fin en sí mismo, sino un camino de evolución continua, marcado por la perspectiva humana, la colaboración y la capacidad de adaptación ante nuevas disrupciones. El capítulo final retomará las grandes líneas de esta obra, proponiendo una síntesis de aprendizajes y recomendaciones para líderes que busquen guiar a sus organizaciones hacia un futuro digital sostenible y centrado en las personas.

Capítulo 10. Desafíos Futuros y Tendencias Emergentes

La transformación digital es un proceso en constante evolución, impulsado por el vertiginoso avance tecnológico y por cambios socioeconómicos que reconfiguran los modelos de negocio. Si bien los capítulos anteriores han descrito los elementos clave del liderazgo, las estrategias de adopción y los casos de éxito, resulta fundamental asomarse a los desafíos futuros y las tendencias emergentes que marcarán la agenda de la próxima década. Este capítulo analiza aquellas fuerzas que impulsarán el liderazgo digital hacia nuevos horizontes, planteando reflexiones sobre cómo los líderes pueden prepararse para un futuro empresarial caracterizado por la incertidumbre y la innovación continua.

10.1 El Horizonte Tecnológico

10.1.1 Expansión de la IA y la Robótica Colaborativa

La inteligencia artificial (IA) ha evolucionado desde la automatización de tareas específicas hasta sistemas capaces de procesar lenguaje natural, aprender de entornos complejos y tomar decisiones con un alto grado de autonomía. Se prevé que estas capacidades se integren aún más en la vida diaria de las organizaciones:

- **IA explicable (Explainable AI)**: Surgirán demandas de transparencia en los algoritmos, exigiendo que las máquinas "expliquen" su razonamiento para fomentar la confianza y mitigar posibles sesgos.

- **Robótica colaborativa (cobots)**: La interacción humano-máquina se volverá más fluida en industrias como la manufactura avanzada, la logística y los servicios. El desafío radicará en diseñar espacios de trabajo seguros y armoniosos donde personas y robots sumen fuerzas.

10.1.2 Metaverso y Realidad Extendida

La frontera entre lo físico y lo virtual se difuminará con la incorporación masiva de tecnologías de realidad virtual (VR) y realidad aumentada (AR) en ámbitos como la formación, el servicio al cliente y la colaboración remota. El metaverso, entendido como un espacio virtual compartido, plantea posibilidades inéditas de interacción:

- **Nuevos modelos de negocio** basados en experiencias inmersivas, espacios virtuales para reuniones y presentaciones, e incluso la venta de activos digitales (NFTs).

- **Retos de gobernanza** y ciberseguridad, puesto que la convergencia de lo físico y lo digital puede exponer a los usuarios a riesgos de privacidad o fraude si no se establecen normas claras.

10.1.3 Computación Cuántica

Aunque todavía en fase exploratoria, la computación cuántica promete resolver problemas de cálculo exponencialmente más complejos que los abordables con la computación clásica. Esto podría:

- **Revolucionar la analítica de datos**: permitiendo el procesamiento de volúmenes de información colosales en áreas como farmacología, finanzas y logística.

- **Generar nuevas vulnerabilidades** en criptografía, poniendo en jaque la seguridad de la información si no se desarrollan algoritmos resistentes a la computación cuántica.

10.2 La Evolución de los Modelos de Negocio

10.2.1 Plataformas Digitales y Ecosistemas Colaborativos

La idea de las plataformas como eje de negocio (ej. marketplaces, redes sociales, hubs de servicios) no solo seguirá creciendo sino que se sofisticará:

- **Ecosistemas multisectoriales**: Empresas de diversos sectores colaborarán a través de plataformas compartidas para ofrecer soluciones integrales al cliente.

- **Expansión de la "servitización"**: Donde antes se vendía un producto, ahora se vende un servicio continuo (ej. software como servicio, maquinaria industrial con mantenimiento inteligente).

10.2.2 Economía Circular y Sostenibilidad

La presión social y normativa por adoptar prácticas sostenibles se intensificará. La digitalización puede actuar como catalizador de la economía circular:

- **Análisis de ciclo de vida** en tiempo real, para minimizar la huella ambiental en cada fase de producción y distribución.

- **Nuevas oportunidades de negocio** ligadas a la reutilización, reciclaje y compartición de activos, habilitadas por plataformas tecnológicas.

10.2.3 FinTech y Descentralización Financiera

La descentralización financiera (DeFi) y el auge de tecnologías como blockchain seguirán reformulando la banca y las transacciones económicas:

- **Pagos globales y contratos inteligentes** para eliminar intermediarios, acelerar la liquidez y reducir costos.

- **Microfinanzas digitales** que empoderen a sectores desatendidos por la banca tradicional.

- **Regulación dinámica** para equilibrar la innovación con la protección de usuarios, los controles antifraude y la estabilidad monetaria.

10.3 Desafíos Organizacionales y de Liderazgo

10.3.1 Gestión de la Ciberseguridad Integral

Cuanto más se automatizan los procesos y crece la interconectividad, mayor es la exposición a ciberataques. Los líderes deben evolucionar hacia un enfoque de seguridad integral, que considere no solo los aspectos técnicos, sino también:

- **Formación continua** de empleados en prácticas seguras (contraseñas, phishing, ransomware).

- **Planes de contingencia** y ciberresiliencia, contemplando escenarios de interrupción total y estrategias de recuperación rápida.

- **Ética y responsabilidad** en el manejo de datos confidenciales, respetando la privacidad de clientes y colaboradores.

10.3.2 Talento Digital y Brechas de Habilidades

La demanda de talento digital (científicos de datos, especialistas en IA, desarrolladores de soluciones en la nube, etc.) sobrepasará la oferta disponible en muchos mercados laborales, generando presiones salariales y competencia feroz por reclutar a los mejores perfiles.

- **Estrategias de retención y desarrollo interno**: Las organizaciones que formen y escalen sus propios equipos tendrán ventaja para reducir la dependencia de la contratación externa.

- **Diversidad e inclusión**: Buscar talento en poblaciones subrepresentadas puede ser una forma de aliviar la escasez de especialistas, a la vez que se promueve una cultura innovadora.

10.3.3 Nuevo Contrato Psicológico con los Empleados

La cuarta revolución industrial conlleva incertidumbre sobre la estabilidad laboral, la robotización de tareas y la adopción de metodologías ágiles que trastocan los conceptos de jerarquía y carrera profesional. El liderazgo deberá:

- **Reconfigurar la propuesta de valor** al colaborador, ofreciendo planes de carrera flexible, formación continua y entornos de trabajo más colaborativos y autónomos.

- **Fomentar el bienestar y la cohesión** en organizaciones más dispersas, híbridas o remotas, evitando la desconexión o el burnout digital.

10.4 Hacia un Liderazgo Ético y Orientado al Bien Común

10.4.1 Responsabilidad Social y Gobernanza Algorítmica

La digitalización masiva y la IA plantean implicaciones éticas inéditas. En el futuro próximo, veremos la demanda de un liderazgo capaz de:

- **Regular** el diseño y uso de algoritmos con miras a la justicia, la no discriminación y la transparencia.

- **Equilibrar** los intereses de la empresa con la protección de los datos personales y la dignidad de los usuarios o clientes.

- **Fomentar la sostenibilidad** y el bien común, asegurando que los beneficios de la tecnología se distribuyan de manera equitativa y no agraven las brechas sociales.

10.4.2 Reconfiguración de la Dimensión Humana

Paradójicamente, a medida que la tecnología avanza, el factor humano se vuelve más valioso en aspectos como la creatividad, la toma de decisiones complejas, la empatía y la colaboración interdisciplinaria. El líder del futuro deberá:

- **Cultivar la inteligencia emocional** en la organización, creando ambientes de confianza y autonomía que potencien la innovación.

- **Inspirar con visión**: Cuando la automatización es capaz de ejecutar gran parte de las tareas, la función del líder es proveer un rumbo y un sentido de propósito que motive a las personas más allá de lo puramente instrumental.

10.5 Reflexiones del capítulo

El panorama que se vislumbra para las próximas décadas combina avances tecnológicos espectaculares con desafíos éticos y organizacionales de gran magnitud. La IA, la realidad extendida, la computación cuántica y los nuevos modelos de negocio basados en plataformas y descentralización prometen transformar radicalmente las industrias. Sin embargo, dichas transformaciones requieren un liderazgo capaz de equilibrar la eficiencia con la equidad, la innovación con la responsabilidad, y la inmediatez con una perspectiva de largo plazo.

En este sentido, la adopción de tecnologías emergentes no puede verse aisladamente, sino como parte de una estrategia integral donde la cultura organizacional y la ética ocupan un lugar central. Los líderes que comprendan esta realidad y estén dispuestos a ajustar dinámicas de poder, estructuras de trabajo, formación del talento y modelos de negocio tendrán mayores probabilidades de navegar con éxito el futuro digital.

A la luz de lo expuesto en los capítulos anteriores, se reafirma la importancia de un liderazgo global que combine competencias digitales, inteligencia emocional, pensamiento crítico y un enfoque inclusivo, reconociendo que el cambio constante es la nueva normalidad. Con la responsabilidad y la colaboración como guías, las organizaciones pueden convertir estos desafíos en oportunidades, impulsando un crecimiento sostenible y una transformación digital humanizada y coherente con los valores de la sociedad.

El camino hacia la madurez digital implica una exploración continua, la voluntad de experimentar y aprender, y la firme convicción de que las personas, cuando se sienten empoderadas y valoradas, son el activo más estratégico en la era de la automatización y la inteligencia artificial.

Capítulo 11. Conclusiones Generales y Recomendaciones

La era digital ha traído consigo profundos cambios en los modelos de negocio, en la cultura de las organizaciones y en la forma de ejercer el liderazgo. A lo largo de los capítulos, se han abordado elementos fundamentales para comprender y guiar con éxito la **transformación digital**: desde la importancia de la visión estratégica y la gestión del cambio, hasta la necesidad de equilibrar la adopción de tecnologías con la preservación y el crecimiento de las capacidades humanas. Este **capítulo final** ofrece una síntesis de los principales hallazgos y plantea **recomendaciones** concretas para líderes y organizaciones que buscan prosperar en un entorno global altamente competitivo y tecnificado.

11. Principales Conclusiones

11.1 La Transformación Digital es un Proceso Integral

La digitalización de procesos, la implementación de IA y la automatización no pueden verse como proyectos aislados, sino como parte de un proceso integral que abarca la estrategia, la cultura y la experiencia de los colaboradores y clientes. Esta visión global resulta clave para alinear los esfuerzos tecnológicos con los objetivos centrales del negocio.

11.1.2 El Liderazgo Global exige Nuevas Competencias

Los líderes de la era digital deben desarrollar un liderazgo híbrido, que combine:

- Habilidades digitales y entendimiento de las tecnologías emergentes.
- Competencias emocionales y sociales (empatía, comunicación, motivación).
- Capacidad de adaptación, creatividad y pensamiento estratégico.

La transformación digital deja de ser un asunto puramente tecnológico para convertirse en un reto de liderazgo integral, donde la visión y la gestión del cambio son tan importantes como la adopción de nuevas herramientas.

11.1.3 La Cultura Organizacional es el Sustrato de la Innovación

La cultura es el factor que puede acelerar o entorpecer la adopción de innovaciones. Una organización que valore la colaboración, el aprendizaje continuo y la confianza entre sus miembros estará mejor preparada para asimilar los cambios que conlleva la digitalización. Sin embargo, instaurar o reforzar esta cultura requiere:

- Liderazgo comprometido y ejemplar.

- Programas de formación y acompañamiento.

- Cambios estructurales que reflejen y sostengan las nuevas prácticas.

11.1.4 La Resistencia al Cambio es Natural, pero No Insuperable

La resistencia aflora cuando las personas temen perder su rol, su relevancia o la seguridad de las rutinas que dominan. El Modelo de Cambio Organizacional de Lewin, junto con enfoques como el Liderazgo Transformacional de Bass, muestran que descongelar la mentalidad, introducir el cambio con acompañamiento y consolidar nuevas prácticas (recongelar) son pasos esenciales. La comunicación efectiva, la participación activa y la formación adecuada disminuyen significativamente esta resistencia.

11.1.5 La Ética y la Sostenibilidad Emergen como Imperativos

El uso masivo de datos, la automatización y la convergencia de tecnologías (IA, IoT, metaverso, etc.) plantean dilemas éticos y sociales que los líderes deben abordar con responsabilidad. La responsabilidad algorítmica, la protección de la privacidad, la inclusión digital y el impacto ambiental son aspectos que ya no pueden obviarse si se aspira a una transformación digital humanizada y sustentable.

11.2 Recomendaciones para la Práctica

11.2.1 Desarrollar un Roadmap Estratégico y Flexible

- **Clarificar los objetivos** de la transformación (eficiencia, innovación, diversificación, etc.).

- **Escalonar la adopción de tecnologías** en fases, obteniendo "quick wins" que generen credibilidad interna y motivación.

- **Revisar periódicamente** el plan para ajustar prioridades según cambios de mercado o avances tecnológicos.

11.2.2 Fortalecer el Liderazgo Híbrido

- **Invertir en formación continua** para directivos y mandos intermedios, combinando competencias digitales y soft skills (inteligencia emocional, creatividad, comunicación).

- **Promover la mentoría cruzada**, donde expertos en tecnología colaboren con líderes tradicionales para intercambiar conocimientos y enfoques.

- **Fomentar la autoliderenza**: dotar a los equipos de autonomía y empoderar a los "champions" de la transformación digital.

11.2.3 Involucrar a los Colaboradores en el Proceso de Cambio

- **Cocrear soluciones** con los usuarios finales: sesiones de design thinking, equipos de innovación interdisciplinarios y proyectos piloto que recojan el feedback del personal.

- **Comunicar el propósito** detrás de cada iniciativa, vinculando la digitalización con el bienestar de los empleados, el crecimiento de la empresa y la satisfacción del cliente.

- **Diseñar planes de reskilling y upskilling** que fortalezcan la empleabilidad y reduzcan la ansiedad frente a la automatización.

11.2.4 Establecer una Gobernanza Tecnológica Clara

- **Formar comités de innovación** o crear una Oficina de Transformación Digital (DTO) que supervise la coherencia y la calidad de las iniciativas.

- **Monitorear la ciberseguridad** y la protección de datos mediante políticas y protocolos actualizados, sensibilizando a toda la organización en prácticas seguras.

- **Definir indicadores de éxito** en los ámbitos económico, de proceso y cultural (satisfacción del cliente, clima organizacional, ROI de los proyectos digitales).

11.2.5 Cultivar la Ética y la Sostenibilidad

- **Adoptar un enfoque de gobernanza algorítmica**, revisando la transparencia y equidad de los modelos de IA.

- **Evaluar el impacto ambiental** de las tecnologías implementadas, considerando, por ejemplo, la eficiencia energética de los centros de datos.

- **Favorecer la inclusión** de personas con diversas trayectorias y habilidades, reconociendo que la pluralidad de perspectivas potencia la capacidad innovadora y la responsabilidad social.

11.3 Una Visión de Futuro para el Liderazgo Global

Las reflexiones finales apuntan a la continuidad de la transformación digital como un fenómeno inacabado, que evolucionará con la aparición de nuevas tecnologías (computación cuántica, metaverso, robótica avanzada) y con los cambios sociales y económicos que redefinirán las necesidades humanas. En este contexto, el liderazgo global asumirá retos aún mayores para:

1. **Equilibrar la innovación con la dignidad humana**: Las herramientas digitales deben empoderar al talento humano, no desplazarlo ni deshumanizarlo.

2. **Mantener la coherencia cultural**: Asegurar que la tecnología se utilice con propósitos alineados a la misión organizacional, cuidando la cohesión interna y la relación con la comunidad.

3. **Profundizar la colaboración interorganizacional**: La complejidad del entorno digital invita a las empresas a formar alianzas, compartir conocimiento y co-crear soluciones que trasciendan fronteras sectoriales y geográficas.

Siguiendo las recomendaciones y aprendizajes expuestos a lo largo de este libro, los líderes podrán sentar las bases para una transformación digital sostenible, donde la innovación tecnológica y el desarrollo humano se potencien mutuamente. Lejos de ser un punto de llegada, la digitalización se erige como un camino de adaptación continua, en el que cada paso exige una combinación de inteligencia, ética y visión compartida.

En la medida en que las organizaciones logren humanizar la automatización, cocrear con sus colaboradores y orientar la tecnología al bien común, estarán preparadas para encarar los desafíos venideros con determinación y resiliencia. Porque, finalmente, el éxito en la era digital radica en la capacidad de liderar con propósito, inspirar la confianza del equipo y comprometerse con un progreso que sea genuinamente inclusivo y enriquecedor para las personas y para la sociedad en su conjunto.

Referencias

Asatiani, A., Copeland, O. & Penttinen, E. (2023). Deciding on the robotic process automation operating model: A checklist for RPA managers. *Business Horizons, 66*(1), 109-121. https://doi.org/10.1016/j.bushor.2022.03.004

Avolio, B. J. & Kahai, S. S. (2003). Adding the "E" to E-leadership:: How it may impact your leadership. *Organizational dynamics, 31*(4), 325-338. https://doi.org/10.1016/S0090-2616(02)00133-X

Bass, B. M. & Riggio, R. E. (2006). *Transformational leadership* (2nd ed.). Psychology Press.

Chamorro-Premuzic, T. (2021). The essential components of digital transformation. *Harvard Business Review, 13*, 1-6. https://hbr.org/2021/11/the-essential-components-of-digital-transformation

Chui, M., Manyika, J. & Miremadi, M. (2016). Where machines could replace humans-and where they can't (yet). *The McKinsey Quarterly*, 1-12.

Chui, M., Manyika, J., Miremadi, M., Henke, N., Chung, R., Nel, P. & Malhotra, S. (2018). *Notes from the AI frontier: Insights from hundreds of use cases*. McKinsey & Company. https://www.mckinsey.com/west-coast/~/media/McKinsey/Featured%20Insights/Artificial%20Intelligence/Notes%20from%20the%20AI%20frontier%20Applications%20and%20value%20of%20deep%20learning/Notes-from-the-AIfrontier-Insights-from-hundreds-of-use-cases-Discussion-paper.pdf

Cortellazzo, L., Bruni, E. & Zampieri, R. (2019). The role of leadership in a digitalized world: A review. *Frontiers in psychology, 10*, 456340. https://doi.org/10.3389/fpsyg.2019.01938

Deloitte Insights. (2020). *2020 global technology leadership study*. Deloitte Touche Tohmatsu Limited. https://www2.deloitte.com/content/dam/insights/us/articles/6301_2020-Global-tech-leadership-study/DI_2020-Global-tech-leadership-study.pdf

Deng, C., Gulseren, D., Isola, C., Grocutt, K. & Turner, N. (2023). Transformational leadership effectiveness: an evidence-based primer. *Human Resource Development International, 26*(5), 627-641. https://doi.org/10.1080/13678868.2022.2135938

Endrejat, P. C. & Burnes, B. (2024). Draw it, check it, change it: reviving Lewin's Topology to facilitate organizational change theory and practice. *The Journal of Applied Behavioral Science, 60*(1), 87-112. https://doi.org/10.1177/00218863221122875

Foro Económico Mundial. (2021a). *Informe de gobernanza tecnológica global 2021.* https://www.weforum.org/publications/global-technologygovernance-report-2021/

Foro Económico Mundial. (2021b). *Aprovechando la tecnología para los objetivos globales.* https://www3.weforum.org/docs/WEF_Leveraging_Technology_for_the_Global_Goals_2021.pdf

Hoffmann, V. (2007). Book Review: Five editions (1962-2003) of Everett ROGERS: Diffusion of Innovations. *The Journal of Agricultural Education and Extension, 13*(2), 147-158.

Kane, G. C., Palmer, D., Phillips, A. N., Kiron, D. & Buckley, N. (2015). *Strategy, not technology, drives digital transformation.* MIT Sloan Management Review. https://sloanreview.mit.edu/projects/strategy-drives-digitaltransformation/

Khan, S. (2016). Leadership in the digital age: A study on the effects of digitalisation on top management leadership. Stockholm Business School

Klus, M. F. & Müller, J. (2021). The digital leader: what one needs to master today's organisational challenges. *Journal of Business Economics, 91*(8), 1189-1223. https://doi.org/10.1007/s11573-021-01040-1

Mendenhall, M. E., Reiche, B. S., Bird, A. & Osland, J. S. (2012). Defining the "Global" in Global Leadership. *Journal of World Business, 47*(4), 493-503. https://doi.org/10.1016/j.jwb.2012.01.003

Powell, B. J., Beidas, R. S., Lewis, C. C., Aarons, G. A., McMillen, J. C., Proctor, E. K. & Mandell, D. S. (2017). Methods to improve the selection and tailoring of implementation strategies. *The journal of behavioral health services & research, 44*(2), 177-194. https://doi.org/10.1007/s11414-015-9475-6

Rogers, E. M. (2003). *Diffusion of innovations* (5th Ed). Free Press.

Rogers, E. M., Medina, U. E., Rivera, M. A. & Wiley, C. J. (2005). Complex adaptive systems and the diffusion of innovations. *The innovation journal: the public sector innovation journal, 10*(3), 1-26.

Ross, J. W. & Beath, C. M. (2002). *Beyond the business case: New approaches to IT investment.* MIT Sloan School of Management, Center for Information Systems Research.

Ross, M. & Taylor, J. (2021). Managing AI decision-making tools. *Harvard Business Review, 1*(1), 11-27. https://hbr.org/2021/11/managing-aidecision-making-tools

Sambamurthy, V., Bharadwaj, A. & Grover, V. (2003). Shaping agility through digital options: Reconceptualizing the role of information technology in contemporary firms. *MIS quarterly, 27*(2), 237-263. http://dx.doi.org/10.2307/30036530

Schwartz, T. & McCarthy, C. (2007). Manage your energy, not your time. *Harvard business review, 85*(10), 63.

Sheninger, E. (2019). Digital leadership: Changing paradigms for changing times. Corwin Press.

Van Oorschot, J. A., Hofman, E. & Halman, J. I. (2018). A bibliometric review of the innovation adoption literature. *Technological Forecasting and Social Change, 134*, 1-21. https://doi.org/10.1016/j.techfore.2018.04.032

Vanderslice, S. (2000). Listening to Everett Rogers: Diffusion of innovations and WAC. *Language and Learning Across the Disciplines, 4*(1), 22-29.

Printed by Books on Demand GmbH, Norderstedt / Germany